中国地质调查成果 CGS 2021-050
松辽盆地北部及外围石炭-二叠系油气地质调查(DD20190097)
松辽外围西部盆地油气基础地质调查(DD20160163)

松辽盆地西缘白城地区油气地球化学特征研究与有利油气聚集区(带)优选

SONGLIAO PENDI XIYUAN BAICHENG DIQU YOUQI DIQIU HUAXUE
TEZHENG YANJIU YU YOULI YOUQI JUJI QU (DAI) YOUXUAN

苏 飞　张 健　马秋峰　陈树旺　汪 博　卞雄飞
张海华　孙 雷　张德军　李晓海　郑月娟　朵雪莲　编著

图书在版编目(CIP)数据

松辽盆地西缘白城地区油气地球化学特征研究与有利油气聚集区(带)优选/苏飞等编著.—武汉:中国地质大学出版社,2021.10
ISBN 978-7-5625-5114-0

Ⅰ.①松…
Ⅱ.①苏…
Ⅲ.①松辽盆地-油气-地球化学标志-白城 ②松辽盆地-油气聚集带-白城
Ⅳ.①P618.130.2

中国版本图书馆 CIP 数据核字(2021)第 201135 号

松辽盆地西缘白城地区油气地球化学特征研究与有利油气聚集区(带)优选	苏 飞 张 健 马秋峰 陈树旺 汪 博 卞雄飞 张海华 孙 雷 张德军 李晓海 郑月娟 朵雪莲	编著

责任编辑:张 旭	选题策划:段 勇 张 旭	责任校对:张咏梅

出版发行:中国地质大学出版社(武汉市洪山区鲁磨路388号)	邮编:430074
电 话:(027)67883511　　传 真:(027)67883580	E-mail:cbb@cug.edu.cn
经 销:全国新华书店	http://cugp.cug.edu.cn
开本:880 毫米×1230 毫米　1/16	字数:270 千字　印张:8.5
版次:2021 年 10 月第 1 版	印次:2021 年 10 月第 1 次印刷
印刷:武汉精一佳印刷有限公司	

ISBN 978-7-5625-5114-0　　　　　　　　　　　　　　　　　　　　定价:168.00 元

如有印装质量问题请与印刷厂联系调换

前 言

随着国民经济的快速发展,中国石油供给与需求之间的缺口越来越大,油气勘探面临诸多严峻挑战。松辽盆地是一个大型的中—新生代陆相含油气盆地,在中央坳陷区发现很多储量较大的油气田,而西部斜坡区白城地区由于被大面积中生代火山岩覆盖,油气勘探程度较低,急需在该区开展基础地质调查,寻找新的油气勘查区。

研究区位于西部斜坡区西南部,该区在区域上是单倾的斜坡,构造圈闭不发育,仅发育一些低幅度的断鼻和背斜构造,但总体上幅度很低,规模较大的背斜、断层不发育。研究区完成土壤油气化探面积共计 $4800km^2$,平安镇断陷、青山镇断陷、丰收镇断陷和通榆断陷基本上被覆盖,通过收集大量系统的地质、地球物理和钻孔资料,对该地区地球化学特征,地球化学异常分布、来源、形态和油气有利聚集区(带)的潜力进行分析与研究,为油气勘探部署和有利目标区优选提供了支撑。

本书是中国地质调查局地质调查项目"松辽盆地北部及外围石炭-二叠系油气地质调查"(DD20190097)、"松辽外围西部盆地油气基础地质调查"(DD20160163)的研究成果。在项目实施过程中,项目组充分发挥了沈阳地质调查中心在东北地区基础地质研究方面工作积累的优势,通过系统搜集、充分研究前人资料,在油气远景区开展土壤油气化探工作,分析了各指标的相互关系以及地球化学意义,明确了有效的指标组合;分析和确定了异常的主要干扰因素,提高了油气信息的可信度和准确度;总结了各指标的地球化学背景特征;初步查明了各指标的地球化学场分布特征及变化规律;初步查明了各指标的地球化学异常分布特征,明确了异常与断陷、构造的地球化学意义;分析了异常分布的制约因素,并总结了地表的异常的形态模式;圈定了综合异常9个,其中Ⅰ级综合异常3个、Ⅱ级综合异常2个、Ⅲ级综合异常4个;圈定了油气有利聚集区(带)4处,为油气勘探部署和有利目标区优选提供了支撑。

目 录

1 绪 论 … (1)
  1.1 研究目的 … (1)
  1.2 研究内容 … (1)
  1.3 研究方法及技术路线 … (1)
    1.3.1 研究方法 … (1)
    1.3.2 技术路线 … (2)
  1.4 主要成果及创新点 … (2)
  1.5 工作方法 … (3)
  1.6 国内外理论研究现状 … (3)
    1.6.1 国外油气化探发展概况 … (3)
    1.6.2 我国油气化探发展概况 … (3)
  1.7 研究区地理概况 … (5)
    1.7.1 自然地理 … (5)
    1.7.2 地貌景观条件 … (5)

2 区域地质概况 … (9)
  2.1 盆地的形成及演化 … (9)
  2.2 区域地质背景 … (11)
    2.2.1 区域地层 … (11)
    2.2.2 岩浆岩 … (24)
    2.2.3 区域构造 … (26)
    2.2.4 地球物理特征 … (32)
  2.3 研究区域地质特征 … (34)
    2.3.1 地层 … (34)
    2.3.2 构造 … (36)
    2.3.3 地球化学特征 … (42)
    2.3.4 地球物理特征 … (42)

3 油气地质与成藏条件 … (44)
  3.1 油气成藏条件分析 … (44)
    3.1.1 生油层条件 … (45)
    3.1.2 储集层条件 … (46)
    3.1.3 盖层条件 … (46)
    3.1.4 油气生成、运移、聚集及其相互配置关系 … (46)
    3.1.5 油气保存条件 … (48)
  3.2 油气富集规律 … (48)
    3.2.1 油气聚集与分布 … (48)

3.2.2　断裂、不整合面与油气富集的关系 …………………………………………………………… （49）

4　地球化学特征及有效指标研究 …………………………………………………………………… （50）
4.1　地球化学场特征 …………………………………………………………………………………… （50）
4.1.1　地球化学背景特征 …………………………………………………………………………… （50）
4.1.2　丰度场特征 …………………………………………………………………………………… （59）
4.1.3　地球化学场结构特征 ………………………………………………………………………… （60）
4.2　化探有效指标研究 ………………………………………………………………………………… （61）
4.2.1　干扰因素 ……………………………………………………………………………………… （61）
4.2.2　有效指标研究 ………………………………………………………………………………… （67）
4.3　地球化学烃场分布特征 …………………………………………………………………………… （71）
4.3.1　A区块地球化学烃场分布特征 ……………………………………………………………… （74）
4.3.2　B区块地球化学烃场分布特征 ……………………………………………………………… （77）

5　地球化学异常特征及模式研究 …………………………………………………………………… （82）
5.1　异常的圈定 ………………………………………………………………………………………… （82）
5.1.1　异常的圈定与分类 …………………………………………………………………………… （82）
5.1.2　异常评价特征指标 …………………………………………………………………………… （83）
5.2　地球化学异常特征 ………………………………………………………………………………… （83）
5.2.1　A区块地球化学异常特征 …………………………………………………………………… （84）
5.2.2　B区块地球化学异常特征 …………………………………………………………………… （92）
5.3　近地表化探异常模式的研究 ……………………………………………………………………… （100）
5.4　化探异常成因机理讨论 …………………………………………………………………………… （102）
5.4.1　运移介质条件 ………………………………………………………………………………… （102）
5.4.2　运移动力 ……………………………………………………………………………………… （102）
5.4.3　运移方式 ……………………………………………………………………………………… （102）
5.4.4　运移通道 ……………………………………………………………………………………… （103）
5.4.5　概念模式 ……………………………………………………………………………………… （103）

6　综合异常解译推断及油气聚集区(带)的划分 ………………………………………………… （105）
6.1　综合异常解译推断 ………………………………………………………………………………… （105）
6.1.1　A区块异常的解译推断 ……………………………………………………………………… （105）
6.1.2　B区块异常的解译推断 ……………………………………………………………………… （113）
6.2　油气有利聚集区(带)的划分 ……………………………………………………………………… （119）
6.2.1　A区块有利聚集带 …………………………………………………………………………… （119）
6.2.2　B区块有利聚集带 …………………………………………………………………………… （119）

7　结　论 ………………………………………………………………………………………………… （127）

主要参考文献 ……………………………………………………………………………………………… （129）

1 绪 论

随着国民经济的发展和人民生活水平的提高,能源需求和供应的矛盾日益加剧,油气资源正成为制约我国国民经济持续发展的瓶颈,油气勘探面临诸多严峻挑战,作为主要能源和战略资源的石油、天然气的勘探开发工作尤其迫切。松辽盆地的油气勘探程度相对较高,但发现常规油气和大型油气田的难度越来越大,仅凭老油区的勘探已很难实现储量的增长。因此,在松辽盆地西缘白城地区部署油气化探面积测量,寻找有利的油气聚集区(带),开辟新的油气勘探区,降低对外依存、提升国内油气资源保障能力,有着积极的现实意义。

1.1 研究目的

在松辽盆地西缘白城地区已圈定的远景区部署油气化探面积测量,结合该区地质、地球物理资料,研究区域地球化学场特征,基本查明地球化学异常展布特征、指标组合、形成条件及其与地质体、断裂的相互关系,总结异常的地表形态,收集资料讨论异常成因的机理,筛选出具有油气勘探价值的异常,确定有利的油气聚集区(带),为地震详查和拟定参数井井位提供依据。

1.2 研究内容

(1)研究松辽盆地西缘白城地区的地球化学场分布规律,并进行成因探讨。重点是建立松辽盆地西缘白城地区地球化学场划分准则,为油气化探区域性对比提供依据。

(2)研究松辽盆地西缘白城地区地表异常的干扰因素,并进行化探有效指标的筛选,确定研究区有效指标,为该地区同类型勘探工作提供依据。

(3)研究松辽盆地西缘白城地区地球化学异常分布规律,并进行成因探讨。重点是建立松辽盆地西缘白城地区异常划分的原则,为油气化探异常划分提供依据。

(4)总结松辽盆地西缘白城地区化探异常形态模型,并收集资料进行化探异常成因机理讨论和总结,为油气化探异常判断识别提供解释模型。

(5)研究松辽盆地西缘白城地区综合异常地球化学特征及其差异性,并探讨与地质体、构造的关系,圈出有利的油气聚集区(带),为地震详查和拟定参数井井位提供依据。

1.3 研究方法及技术路线

1.3.1 研究方法

(1)收集、整理松辽盆地及西部斜坡区地球化学数据和基础石油地质资料。

(2)通过地球化学参数特征等研究,对松辽盆地西缘白城地区地球化学场分布规律进行对比分析。

(3)应用统计分析方法剖析地球化学数据自身的结构与变异特征,内容包括参数统计、指标间聚类分析、相关性分析和因子分析及对比研究,提取有效的化探方法组合及筛选出化探的有效指标。

(4)通过景观间地球化学参数分析及对比研究,提取指标的分布规律及其相互关系。

(5)通过地球化学异常参数特征(指标组合、异常强度、衬度、规模)和酸解烃特征指标(干燥系数、湿度系数、特征系数)研究,判别异常属性。

(6)通过地球化学异常分布规律研究,进行对比分析及成因探讨,并总结异常形态模式,为油气化探异常判断识别提供解释模型。

(7)通过综合异常及有利油气聚集区(带)的定性表述和定量化研究,为同地区同类型勘查和下一步工作提供依据。

1.3.2　技术路线

在系统收集和分析已有基础地质资料、油气地质成果的基础上,选择在松辽盆地西缘白城地区已圈定的远景区,运用烃类垂向微运移理论,采用酸解烃法、紫外荧光光谱法、蚀变碳酸盐法(ΔC法)、地电化学法和先进的分析测试技术实施土壤油气化探测量,从全局的角度对研究区不同区块的化探数据进行校正处理,充分挖掘地球化学信息,揭示区域地球化学特征与断陷、构造之间的联系,在此基础上研究指标地球化学场分布规律、有效指标地球化学异常特征,总结异常形态模型,收集资料讨论异常成因的机理,圈定油气有利聚集带。具体技术路线如下。

(1)区域与局部相结合。松辽盆地曾做过大面积的油气化探测量,在进行研究区地球化学背景场研究的同时,要充分研究不同区块油气化探资料,开展对比分析,为区域地球化学背景场研究提供基础。重视区域地球化学背景场特征的分析,借鉴研究区内外已有化探成果,着重研究化探指标在区域上的变化规律,为局部化探异常的确定提供依据。

(2)选择研究区不同区块校正后数据成图。以酸解烃、荧光紫外指标、蚀变碳酸盐、微量元素为代表,进行区域地球化学背景场研究。选择主要指标,进行地球化学场研究,突出地球化学指标在空间上的基本分布规律,从而有助于揭示它们与石油地质条件的内在联系。

(3)单指标异常与多指标异常相结合。为了达到不同角度、方面提取较多信息的目的,一方面充分研究各单指标的变化特征、分布规律及其与油气关系;另一方面综合研究各种方法的内在联系,最大限度地提取油气信息,抑制干扰因素影响,总结地球化学异常形态模型,收集资料讨论异常成因的机理,筛选出具有油气勘探价值的异常,圈出有利的油气聚集带。

1.4　主要成果及创新点

(1)建立了松辽盆地西缘白城地区油气化探区域地球化学场划分准则。

(2)应用数理统计方法,筛选出化探有效指标。

(3)确定了影响地表化探异常的干扰因素,并提出了解决办法。

(4)基本查明了酸解烃和蚀变碳酸盐的地球化学场特征,建立了综合异常划分的原则。

(5)总结了地球化学异常形态模型。

(6)确定了地表化探异常为深部油气田引起,并圈定了4处油气有利聚集带。

1.5 工作方法

本次化探工作中的样品采集密度为线距1000m,点距1000m。样品采集工具选用洛阳铲,采集深度为1.5m左右,采样介质为黏土、亚黏土、亚砂土、砂土。取样时避开城镇、村庄、垃圾堆积区、工业园区、河流地区,选取2～3kg新鲜样品采用玻璃纸包装,外层用牛皮纸包装。采集的土壤样品按统一表格记录描述。采集样品4809件。

样品分析项目有甲烷(C_1)、乙烷(C_2)、丙烷(C_3)、异构丁烷(iC_4)、正构丁烷(nC_4)、异构戊烷(iC_5)、正构戊烷(nC_5)、乙烯(C_2H_4)、丙烯(C_3H_6)、蚀变碳酸盐(ΔC)、芳烃类荧光(F360、F320)、稠环芳烃紫外(U209、U220、U260、U275、U290)和微量元素(Ni、Pb、Zn、Cd、Sr、Ba、Mo、Se)。

1.6 国内外理论研究现状

油气地球化学勘探(简称油气化探)在油气资源勘查方法系列中逐渐发展成为一门独立的应用学科,具有自身的理论基础、工作原理、技术方法和指标体系,形成了一套相应的技术规范、测试规程及资料处理和综合解释评价方法。随着高灵敏度分析测试仪器不断涌现、分析测试技术的不断提高和计算机技术的广泛使用,油气化探理论研究有所深入,勘探应用更加广泛。

1.6.1 国外油气化探发展概况

国外油气化探工作始于1933年,由德国的劳伯梅耶(Lanbmeyer)发现气藏上方钻孔中的土壤中所含甲烷高于气藏边界以外钻孔中土壤中甲烷的浓度;苏联的索科洛夫发现土壤中除含甲烷外,还存在有乙烷和较重的烃类,开创了化探寻找油气藏的新领域,为油气化探的发展奠定了基础。1934年莫奇列夫斯基开始研究岩石气体测量,1937年他又提出了鉴定气态烃的氧化细菌法。1938年列文逊提出了氧化还原电位法。1938年美国学者杜舍尔提出了蚀变碳酸盐法(ΔC法)。1940年苏联索科洛夫成立了石油气测局,于1944年在北高加索地区发现了米哈依洛夫油气田。

皮尔森在20世纪60年代根据地电磁场的资料首次提出了"烟囱效应",进而创立了"燃料电池原理"。70年代苏联科学家佐尔金提出了油气藏上方统一的地球物理与地球化学场的概念。霍维茨等(1983)提出了渗透作用。1994年在加拿大温哥华举行的化探工作研究讨论会,对烃类的迁移机制、影响因素及其近地表显示进行了重点讨论。国外化探公司主要为单指标勘探,主要研究油气藏的地表化探显示和油气藏勘探区的寻找,缺少对主要含油气盆地和钻井中地球化学特征的研究。

1.6.2 我国油气化探发展概况

我国油气化探工作始于20世纪50年代初期,1952年翁文灏在无山子应用沥青法进行地球化学测量。1955年在关士聪的指导下,用水化学法在六盘山地区进行试验。1957年地质矿产部组建了物探研究所,1960年地质矿产部在第二物化探大队内组建了油气化探队,在松辽盆地开展了放射性找油试验研究。地质矿产部石油地质101队先后开展了水文地球化学法、烃类气体法、微生物法、土壤盐法、金属微量元素法、放射性法、发光沥青法等研究工作。

1976年在二连盆地、松辽盆地南部和东明凹陷等地区开展了大面积油气化探测量,成功预测了含油气远景区，并在化探异常内获得了工业油气流。到20世纪80年代中后期，引进了ΔC法、甲烷稳定同位素法、汞蒸气法、紫外光谱法等新技术和新方法，使我国油气化探技术达到了鼎盛时期。

彭希龄等(1998)对准噶尔盆地东部烃类微渗漏过程及机理进行了研究，认为烃类微渗漏普遍存在，在含油气区与背景区渗漏烃组分结构差别较大。赵克斌等(1998)对干扰因素的抑制方法进行了研究。汤玉平等(2002)对油气化探异常成因机理进行了探讨，在某油田油井、油水边缘井和外围干井联井剖面进行地球化学特征分析与对比研究，发现在不同部位钻井中指标强度特征和运移效应相差较大。

油气化探技术应用范围广，且呈上升态势，我国多家科研机构在油气化探基础理论、方法技术和勘探应用研究方面投入了大量经费，取得了显著效果。例如化探异常的确定方法已由浓度异常转向了结构异常和组构异常，更好地揭示了油气藏与化探异常间的对应关系。它们主要依托指标数据结构的变化性和相关性提取异常，与指标本身的浓度或强度的高低无关，有效地抑制了干扰。组构异常的提取开拓了油气化探异常评价的新思路，具有特别重要的指导意义。

中国石化勘探开发研究院石油化探研究所自20世纪80年代中期以来，在塔里木盆地北部地区进行了大规模的地表油气化探普查和井中化探勘探工作。通过对已知区地球化学特征和异常模式的研究，在未知区油气远景的预测评价、油气化探异常的圈定和评价等方面取得了良好的效果，发现了数个有利含油气区（带）和30余个有利的局部化探异常，有许多化探异常经钻探后，证实为具有工业油气流，发现了不同规模的油气田。

中国石化无锡石油地质研究所从采样设计、分析精度、数据解释等角度开展研究，形成了涵盖采样方案设计、指标有效组合研究、干扰因素抑制、异常精细解释与油气属性评价的高精度油气化探技术，建立了该技术实施方案与作业程序，并探索了高精度油气化探技术在油气开发中应用的可行性。

中国地质科学院地球物理地球化学勘查研究所孙忠军编制了内部资料《松辽盆地油气地球化学图集》，依据填图结果表明大型盆地可以用超低密度进行地球化学填图，圈出了地球化学巨省套合地球化学省的模式，圈出了新的油气战略远景区，并在漠河盆地进行多年的冻土区天然气水合物地球化学调查及远景评价，圈出多处远景区，为冻土区开展天然气水合物地球化学调查提供了方向。

汤玉平等(2000)建立中国油气化探数据库，论述了数据库的功能、油气化探数据处理及异常评价，进一步探讨了油气化探定量化和计算机化方法，反映了油气化探数据库及应用研究领域的新进展和研究水平，对中国主要含油气盆地区域地球化学背景场及变化特征进行了研究，开发了一些油气化探特殊处理技术，尤其组构异常的提取技术，开拓了油气化探新思路，实现了油气化探异常迭合及综合异常圈定的计算机化方法，提高了工作效率，且在不同地区应用取得了良好效果。

吴传璧(2009)通过探索、调整、发展、创新4个时期回顾了中国油气化探50年的发展历程。根据所掌握的文献和资料，就基础理论与应用基础研究、勘查方法与技术系列建立、分析技术改进与推动作用、数据处理与解释的进展，对中国油气化探的发展做了技术评述。

马秋峰、汪博、李涛等在松辽盆地西缘突泉盆地、林西盆地、扎鲁特盆地、乌兰盖地区、白城地区和渭河盆地进行了大规模的地表油气化探普查，通过对地球化学特征和异常模式的分析，以及综合异常和有利油气远景区的研究，发现了多处有利含油气区带和多处有利的局部化探异常，有许多化探异常经钻探验证后，均有较好的油气显示。

就油气地球化学勘探现阶段而言，我国在陆地近地表油气化探方面发展与国外同步，甚至略高一筹，成功率高于国际平均水平，井中化探技术远远高于国际先进水平；但是技术装备远比国外落后，在烃类富集技术和采样装置等方面存在一定差距。

近年来，中国油气化探工作理念发生了重要转变，并取得了重大进展，开展了油气化探异常类型及成因机理研究，进行了烃类垂向微渗漏模拟试验，提出了气相压驱裂隙渗透理论；在酸解烃、蚀变碳酸盐、荧光、紫外等传统方法的基础上，开发了热释烃、高效液相色谱芳烃、物理吸附气、微生物专性烃菌等新方法；进行了非常规油气资源，尤其是天然气水合物、无机成因气的油气化探应用研究；开展了复杂地表区如沙漠、戈壁、黄土塬、山区等化探技术方法的研究；进行了雪样地球化学方法试验；海上化探工作蓬勃发展,尤其在南海、东海、黄海、渤海和台湾海峡开展了大量油气化探工作;研发了新的数据处理和解释评价技术,如决策分析、分形几何、人工神经网络等得到应用,建立了中国主要含油气盆地油气化探数据库.在总结经验的基础上,对油气化探的发展方向提出了一些见解。

1.7 研究区地理概况

1.7.1 自然地理

1）位置交通

研究区位于松辽盆地西缘西部斜坡区,行政区划隶属吉林省白城市和内蒙古自治区乌兰浩特市(图1-1)。研究区内公路、铁路及通信发达,是我国重要的商品性农林基地。

2）自然地理特征

测区地处松辽盆地西缘,地势西北高、东南低,地形平缓。气候属北温带季风气候,四季分明,冬长夏短,冬季严寒而干燥,夏季炎热多雨,春、秋两季多大风,最大风速40m/s,春季偶有扬沙、沙尘暴。年均气温3.2℃,年均降水量440mm。每年10月到翌年3月为结冻期,1月最冷,月平均温度在－20℃,4月气温回升,6～8月热而多雨。

研究区属嫩江流域,水系发育,主要有霍林河、洮儿河、蛟流河,一般常年流水,水量充沛,水流较缓,水资源丰富。

研究区居民主要为汉族、蒙古族,地方经济以农业、牧业为主,盛产玉米、水稻、大豆等农作物。

1.7.2 地貌景观条件

依据研究区区域地质特征、自然地理条件以及成因类型,将研究区划分为丘陵草原区、冲洪积平原区、湖沼沉积区和风积黄土区4个地貌景观区(图1-2、图1-3)。

①丘陵草原区:地表被残坡积物黄土覆盖,其间夹杂有冲洪积物砂砾石。腐殖层较薄,一般0～0.2m,土壤类型为黏土、亚黏土、亚砂土。

②冲洪积平原区:地形较为平缓。地表被现代河床冲洪积物及河漫滩堆积物覆盖,堆积物上部为黄土状土,下部为冲洪积物的砂砾石、亚砂土混合体。腐殖层厚度不均匀,一般0～0.3m,土壤类型主要为黏土、亚黏土、亚砂土、砂土。

③湖沼沉积区:地表被现代湖沼沉积物黄土状土覆盖。腐殖层较厚,一般0～0.5m,土壤类型主要为黏土、亚黏土、亚砂土、砂土。

④风积黄土区:地表为风积黄土覆盖,厚度约1.5m,覆盖层下部为风成砂,以粉细砂、细砂为主,土壤类型为砂土。

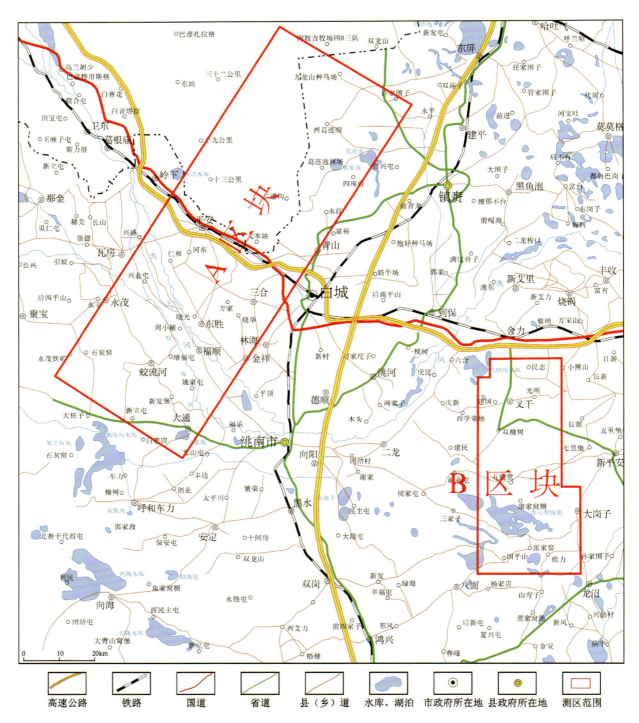

图 1-1 研究区交通位置示意图

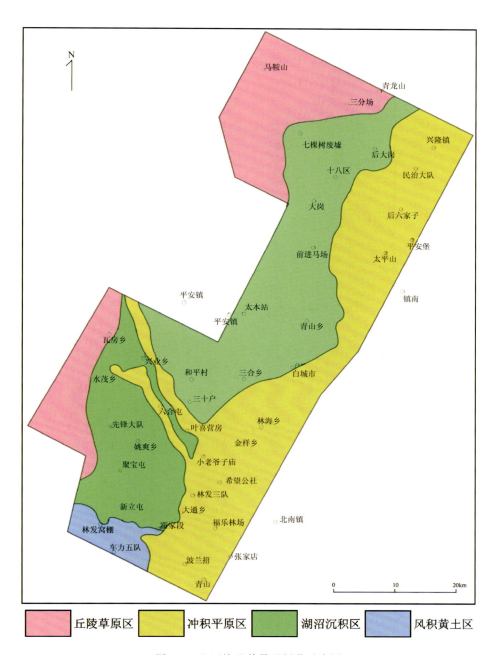

图 1-2 A 区块地貌景观划分示意图

图 1-3　B 区块地貌景观划分示意图

2 区域地质概况

2.1 盆地的形成及演化

松辽盆地是我国东北地区由大兴安岭、小兴安岭、长白山环绕的一个大型沉积盆地。盆地跨越黑龙江、吉林、辽宁 3 省，总面积约 $26 \times 10^4 \mathrm{km}^2$，是一个大型的中—新生代陆相含油气盆地，平面上呈菱形，长轴沿北北东向展布，由 6 个 Ⅱ 级构造单元组成，7 个大型边界断裂控制。该盆地是一个以白垩系为主的大型断拗复合陆相盆地。

松辽盆地的形成和演化大致可分为热隆张裂、裂陷、拗陷和萎缩 4 个阶段（表 2-1，图 2-1）。

表 2-1 松辽盆地构造演化及其动力学背景简表

盆地演化		时期	构造特征	断裂走向与性质	构造应力场	板块构造背景	隶属构造域
前裂谷期		前侏罗纪	挤压逆冲推覆，陆块碰撞拼贴	东西向为主，局部北东向、南北向，逆冲	近南北向水平挤压	古亚洲洋关闭，各陆块拼合，中亚造山带生长	古亚洲洋构造域
		中—晚侏罗世	挤压逆冲、地壳增厚、岩浆活动，大规模左旋走滑	北北东向左旋走滑为主；东西向挤压逆冲；北西向右旋走滑	北北东向左旋压扭	伊泽纳奇板块北北西斜向俯冲，蒙古-鄂霍次克板块消亡，西伯利亚板块向南推挤	古亚洲洋构造域向太平洋构造域转换
断陷期	早期阶段	侏罗纪末—白垩纪初	热穹隆式双向拉伸，大面积火山活动	北北东、北北西、南北向均强烈伸展	双轴拉伸、北北东向为主	岩石圈底部拆沉，岩浆底侵	
	晚期阶段	早侏罗世	地壳伸展拆离，岩石圈减薄	以北北东向断层伸展拆离为主	北西西-南东东向水平拉张	伊泽纳奇板块座椅式俯冲	古太平洋构造域
拗陷期		晚白垩世	冷却沉降、整体拗陷	小规模北东、北西、南北向正断层	微弱的北西-南东向水平拉张	俯冲带回卷东移，地幔隆起回落	
构造反转期		白垩纪末期	挤压反转，局部抬升剥蚀	北北东—北东向断陷期正断层逆向活动	北西西-南东东向水平挤压	伊泽纳奇板块俯冲殆尽，洋底高原、海山等地体向欧亚大陆边缘拼贴	古太平洋构造域向太平洋构造域转换
		新生代	盆地萎缩，整体抬升	断层活动微弱	北西-南东挤压或伸展	太平洋板块俯冲，印度板块远程推挤	太平洋构造域

1) 热隆张裂阶段

三叠纪—早侏罗世时期,由于莫霍面拱起导致热穹隆作用,引起上地壳张裂,经过剥蚀和沉积,到侏罗纪中晚期形成规模不等的裂陷盆地。沿断裂发生较强的岩浆活动,盆地西部破裂较强,火山活动强烈,东部地壳破裂不完全,以裂陷为特征,充填了巨厚的裂谷式补偿沉积。

2) 裂陷阶段

早白垩世早期,盆地中部莫霍面拱起使异常地幔作用进一步加剧,造成更大规模的拉张,此时孙吴-双辽断裂活跃,中央部位隆起上升,两侧形成裂陷盆地,出现与贝加尔湖、红海类似的裂谷。早白垩世由于古太平洋板块向西强烈挤压,使松辽早期裂谷未能继续大规模开裂,而被弧后伸展盆地取代。

3) 拗陷阶段

早白垩世中晚期,古太平洋板块俯冲角度逐渐变陡,导致松辽盆地进一步弧后伸展,发生盆地的整体下沉,使裂陷向拗陷转化,进入盆地发展的全盛期,该时期地壳运动的特点是以较快速的稳定沉降为主,并伴有间歇性的波动上升,沉降速度大于沉积速度。

4) 萎缩阶段

晚白垩世中期以后,松辽盆地深部地壳的调整逐渐趋于平衡,盆地全面上升,湖盆明显收缩。沉积范围由上白垩统四方台组的 73 000 km^2 收缩到古近系依安组的 21 000 km^2,晚白垩世与第三纪(古近纪+新近纪)之间的构造运动使嫩江组末期形成的背斜构造进一步发育完整,并形成一些浅层的构造与断层,古近纪、新近纪之间的构造运动结束了拗陷的发展时期,出现了与现代类似的构造面貌。

从盆地的沉积演化历史可看出,松辽盆地是在大陆壳内部因拉张断裂而发育的断陷-拗陷型盆地(图 2-1)。

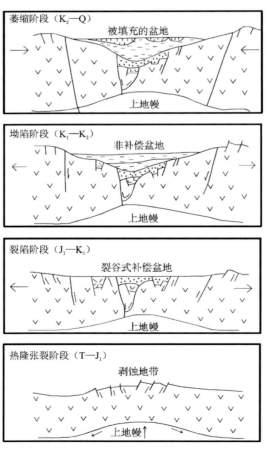

图 2-1 松辽盆地演化模式图

中、新生代稳定的大地构造环境使得松辽盆地在地质历史时期接受了几乎没有沉积间断的巨厚沉积,为生储盖组合的形成提供了良好的条件,盆地中两次大规模湖侵形成了富含有机质的烃源岩,物性良好的储集层和区域广泛分布的有效盖层在油气成藏过程中作用巨大。

松辽盆地内部发育了良好的生储盖组合,发展过程中发育的各种断裂和背斜构造形成了大量的圈闭,其中大型穹隆背斜构造是松辽盆地内油气聚集的主要圈闭类型。油气成藏后地质构造稳定,油气完整地保存下来,形成了大量的油气聚集。

综上所述,松辽盆地拥有面积较大、厚度较大、富含有机质的沉积岩层,发育良好且分布合理的生储盖组合。盆地发育过程中形成的各种构造对油气的运移、聚集起到了很大的作用,而在油气藏形成之后,也没有受到大规模的构造破坏、剥蚀和变质,从而形成了我国最大、最重要的油气聚集区。

2.2 区域地质背景

2.2.1 区域地层

2.2.1.1 上古生界

1)地层分区

参考古生物地理分区及地层发育特征,松辽盆地及其外围划分为两个地层大区,北部为兴蒙-松嫩地层大区,南部为华北地层大区华北北缘地层区(图2-2)。其中兴蒙-松嫩地层大区发育安加拉型植物群,华北北缘地层区发育华夏型植物群。

2)地层划分与对比

在对不同地层区进行生物年代地层和同位素测年综合研究的基础上进行横向对比,在不同地层分区的地层单元间建立了对比关系,并纳入到最新的年代地层系统,建立了东北地区晚古生代地层划分对比格架(表2-2)。

(1)泥盆纪地层以北兴安地层区最为发育,自下而上为泥鳅河组(腰桑南组)、大民山组、根里河组(塔尔巴特格组)、安格尔音乌拉组、小河里河组;南兴安地层区有西别河组、大民山组、色日巴彦敖包组;松花江地层区有黑龙宫组、宏川组和福兴屯组;吉中地层区有二道沟组和王家街组;华北北缘地层区有前坤头沟组、朝吐沟组。

泥鳅河组广泛分布于北兴安地层区,含牙形刺、珊瑚、腕足等海相化石,时代为早泥盆世Lochkovian期—中泥盆世Eifelian期;腰桑南组为一套紫色的碎屑岩,为浅海相近氧化条件下形成,产珊瑚、三叶虫等化石,与泥鳅河组上部为同时异相。

西别河组分布于南兴安地层区的西乌旗-林西分区,含牙形刺及珊瑚化石,时代为中志留世晚期—早泥盆世Pragian期,其上部可与泥鳅河组下部对比,时代为早泥盆世Lochkovian期—Pragian期。

黑龙宫组、宏川组分布于松花江地层区,分别含有腕足类 *Gladiostrophia-kondoi* 组合带及 *Acrospirifer-dyadobomus* 组合带的分子,时代为早泥盆世晚期Emsian期—中泥盆世Eifelian期。因此,黑龙宫组和宏川组相当于泥鳅河组的中上部。

二道沟组含珊瑚和腕足化石,时代为晚志留世—早泥盆世Lochkovian期,其上部相当于泥鳅河组的下部。

王家街组含珊瑚和腕足化石,时代为中泥盆世Eifelian期,大致相当于泥鳅河组上部。

前坤头沟组为一套砂板岩及基性火山岩组合,含珊瑚、腕足化石,时代为早泥盆世Pragian期—Emsian期,层位大致与泥鳅河组中部相当。

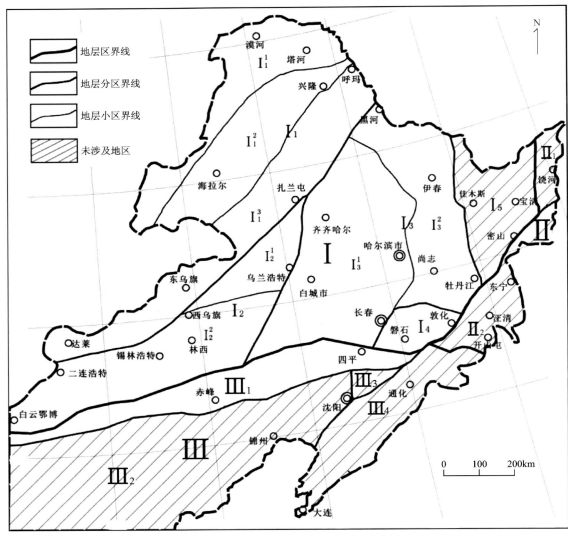

图 2-2 东北地区晚古生代地层区划示意图

Ⅰ 兴蒙-松嫩地层大区
 Ⅰ$_1$ 北兴安地层区：Ⅰ$_1^1$ 额尔古纳分区 Ⅰ$_1^2$ 海拉尔-兴隆分区
       Ⅰ$_1^3$ 达莱-呼玛分区
 Ⅰ$_2$ 南兴安地层区：Ⅰ$_2^1$ 龙江-乌兰浩特分区 Ⅰ$_2^2$ 西乌旗-林西分区
 Ⅰ$_3$ 松花江地层区：Ⅰ$_3^1$ 松辽分区 Ⅰ$_3^2$ 伊春-尚志分区
 Ⅰ$_4$ 吉中地层区
 Ⅰ$_5$ 佳木斯地层区

Ⅱ 环太平洋地层大区
 Ⅱ$_1$ 那丹哈达地层区
 Ⅱ$_2$ 兴凯地层区

Ⅲ 华北地层大区
 Ⅲ$_1$ 华北北缘地层区
 Ⅲ$_2$ 燕辽地层区
 Ⅲ$_3$ 汎河地层区
 Ⅲ$_4$ 辽东地层区

  大民山组主要分布于北兴安地层区海拉尔-兴隆分区和达莱-呼玛分区，含有牙形刺、珊瑚、腕足、头足类化石，时代为中泥盆世 Givetian 期—晚泥盆世 Femennian 期早期。

  根里河组（塔尔巴特格组）含腕足类、珊瑚等化石，腕足类化石划分为 2 个组合，下部为 *Mucrospirifer-Elytha* 组合带，时代为中泥盆世晚期，上部为 *Crytospirifer-Tenticospirifer* 组合带，时代为晚泥盆世早期，鉴于其与泥鳅河组和上覆小河里河组的整合接触关系，其时代应为中泥盆世 Givetian 期—晚泥盆世 Femennian 早期，与大民山组大致相当。

表2-2 东北地区晚古生代地层划分对比格架表

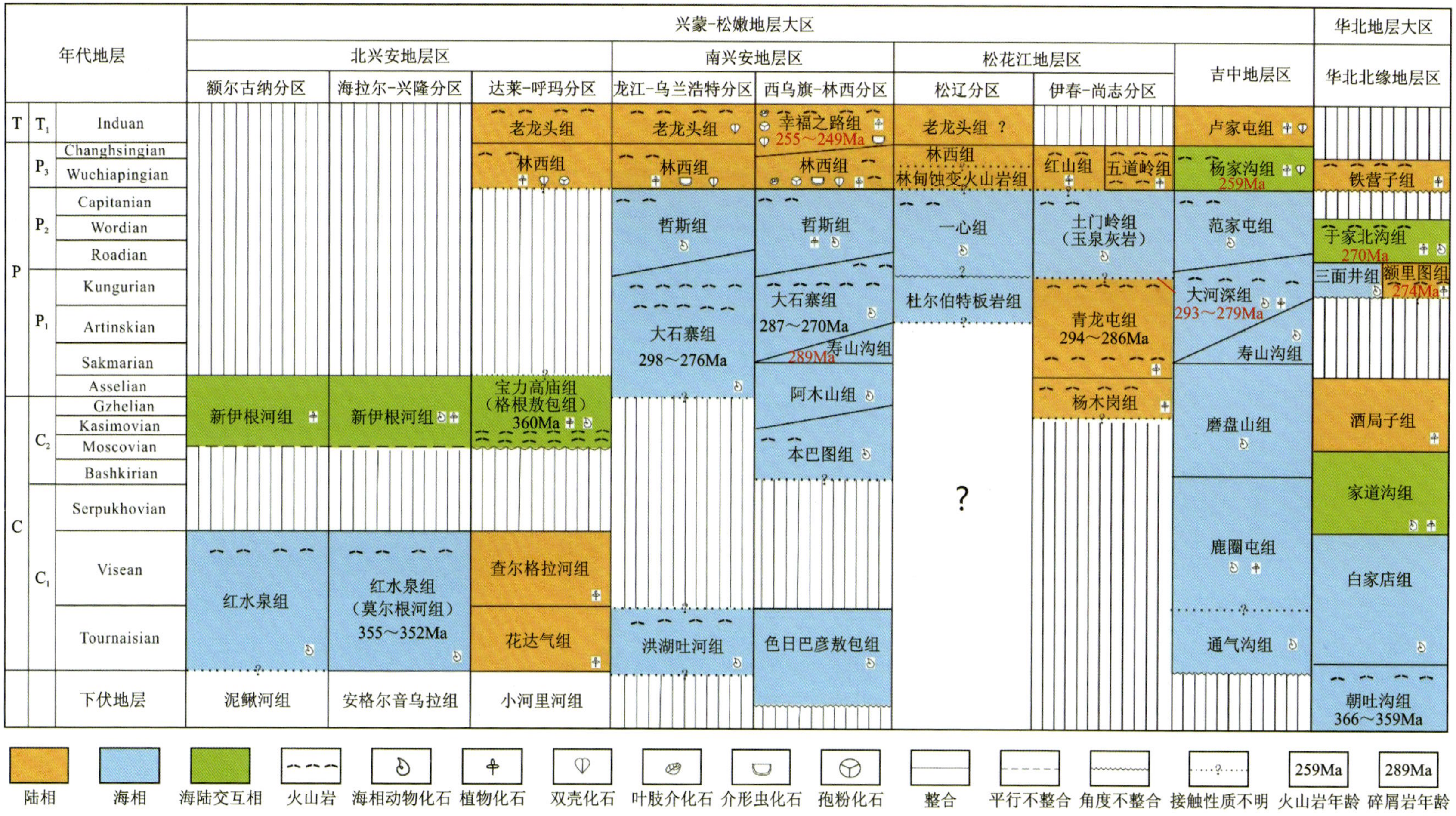

注：同位素年龄彩色为本次工作测得数据，其余为收集数据。

福兴屯组分布于滨东地区,为一套陆相碎屑岩系,由砂岩、板岩、砂砾岩和少量霏细岩组成,含植物化石 *Taeniocradada cheniana-Protolepidodentron yanshouense* 组合带(郭胜哲等,1992),时代为中泥盆世,曲关生等(1997)、王友勤等(1997)均将其置于宏川组之上,相当于大民山组下部层位。

安格尔音乌拉组在海拉尔兴隆分区和达莱-呼玛分区均有分布,含珊瑚、腕足化石及植物化石,时代为晚泥盆世 Famennian 期。

小河里河组见于达莱-呼玛分区,产植物和腕足化石,其中植物化石与安格尔音乌拉组相同,均为 *Lepidodendropsis-Sublepidodendron* 组合带的分子,时代为晚泥盆世 Famennian 期,与安格尔音乌拉组层位相当。

色日巴彦敖包组见于西乌旗-林西分区,为一套海相碎屑岩组合夹少量火山碎屑岩,不整合在温都尔庙群之上,含珊瑚、腕足化石及植物化石,为分布于苏尼特左旗至阿巴嘎旗一带。珊瑚化石以 *Nalivkinella-Kueichowpora* 组合带分子为代表,时代为晚泥盆世 Famennian 期,腕足类为 *Fusella-Syringothyris* 组合带的分子,时代为早石炭世 Tournaisian 期。植物化石有 *Leptophloeum rhombicum* 等,时代为晚泥盆世,综合考虑,色日巴彦敖包组时代为晚泥盆世 Famennian 期—早石炭世 Tournaisian 期。

朝吐沟组为一套以变质火山岩为主的岩石组合,根据最新的同位素测年资料及与白家店组的整合接触关系,朝吐沟组的时代为晚泥盆世—早石炭世 Tournaisian 期。

除了松花江地层区外,其他各地层区均有早石炭世—晚石炭世早期地层分布,尤以北兴安地层区最为发育,具体有红水泉组(莫尔根河组)、花达气组、洪湖吐河组、色日巴彦敖包组、查尔格拉河组、通气沟组、鹿圈屯组、朝吐沟组、白家店组、家道沟组(黄花沟组)。其中色日巴彦敖包组、朝吐沟组的时代为晚泥盆世—早石炭世。

红水泉组(摩尔根河组)为海相碎屑岩、灰岩组合,局部夹中酸性喷出岩及凝灰岩,含珊瑚及腕足化石,时代为早石炭世 Tournaisian 期—Visean 期,同位素测年研究与生物年代地层学研究结果相符。

分布于南兴安地层区的洪湖吐河组,含腕足化石 *Fusella-Syringothyris* 组合带的分子,时代为早石炭世 Tournaisian 期,相当于红水泉组的下部及色日巴彦敖包组的上部。

花达气组分布于达莱-呼玛分区,产植物化石,根据其与下伏小河里河组的整合接触关系,时代暂置早石炭世,大致与洪湖吐河组相当。

查尔格拉河组也见于东乌-呼玛分区,与花达气组整合接触,产植物化石碎片,时代为早石炭世,大致与红水泉组上部对比。

通气沟组含与洪湖吐河组相同的腕足化石组合,时代为早石炭世 Tournaisian 期(曲关生等,1997;郭胜哲等,1992),大致相当于洪湖吐河组,与红水泉组下部对比。

鹿圈屯组含丰富的牙形刺、珊瑚、腕足、双壳、苔藓虫、有孔虫化石和植物化石,时代为早石炭世 Visean 期—晚石炭世 Bashkirian 早期,下部相当于红水泉组上部。

白家店组含丰富的珊瑚化石及少量腕足化石,时代为早石炭世 Tournaisian 晚期—Visean 期,含有和鹿圈屯组相同的珊瑚化石组合带(*Dibunophyllum-Yuanophyllum* 组合带),上部与鹿圈屯组下部层位大致相当。

家道沟组(黄花沟组)为一套硬砂岩、砂板岩夹石灰岩组合,含珊瑚、腕足化石及植物化石,时代为早石炭世 Serpukhovian 期—晚石炭世 Moscovian 早期。其下部相当于鹿圈屯组的上部,上部与磨盘山组下部、本巴图组下部层位大致相当。

(2)晚石炭世—早二叠世早期地层在区域上均有分布。北兴安地层区有新伊根河组、宝力高庙组(格根敖包含组);南兴安地层区为本巴图组、阿木山组;吉中地层区为磨盘山组;松花江地层区为杨木岗组;华北北缘地层区为酒局子组。

宝力高庙组岩性为海陆交互相火山岩、火山碎屑岩及正常碎屑岩沉积,含腕足化石及植物化石,参考同位素测年资料,时代应为晚石炭世 Moscovian 期—早二叠世 Asselian 期。

新伊根河组为海陆交互相的碎屑岩组合,含有腕足、苔藓虫化石及植物化石,其中植物化石与宝力高庙组相同,均为 *Angaropteridium-Noeggerathiopsis* 组合带的分子,因此新伊根河组和宝力高庙组可大致对比。

本巴图组为一套海相碎屑岩岩系,夹灰岩透镜体和火山碎屑岩,含牙形刺、䗴、珊瑚等多门类化石,指示的时代为晚石炭世早中期,参考同位素测年资料,时代应为晚石炭世 Bashkirian 期—Gzhelian 期早期。

阿木山组岩性以海相碳酸盐岩为主,含大量牙形刺、䗴、珊瑚、腕足等化石,指示的时代为晚石炭世 Kasimovian 期—早二叠世 Sakmarian 早期,其中䗴类 *Fusulina-Fusulinella* 组合带、腕足类 *Choristites-Echinoconchus* 组合带同时见于本巴图组和阿木山组,本巴图组下部和阿木山组上部可能为同时异相沉积。

磨盘山组整合于鹿圈屯组之上,岩性以巨厚碳酸盐岩为主,含牙形刺、䗴、珊瑚、腕足等多门类化石,指示的时代为晚石炭世—早二叠世早期,其中的䗴化石分为 5 个带,自下而上分别对应于本巴图组、阿木山组;腕足划分为 *Choristites-Echinoconchus* 组合带,该带同时见于本巴图组和阿木山组,时代为晚石炭世。综上所述,磨盘山组与本巴图组和阿木山组层位大致相当,时代为晚石炭世 Bashkirian 期晚期—早二叠世 Sakmarian 早期。

酒局子组为一套陆相或海陆交互相砂页(板)岩,含煤,局部夹灰岩透镜体、中酸性凝灰岩,含植物化石,整合于家道沟组之上,时代为晚石炭世中晚期—早二叠世早期。

杨木岗组以砂板岩为主夹少量碎屑岩及熔岩组合,产丰富的安加拉型植物化石,时代为晚石炭世 Gzhelian 期—早二叠世 Asselian 期,与酒局子组上部大致相当。

(3)除北兴安地层区外,其他各区均有早二叠世—中二叠世地层出露。南兴安地层区为寿山沟组、大石寨组、哲斯组,松花江地层区为青龙屯组、杜尔伯特板岩组、土门岭组(玉泉组)和一心组,吉中地层区为寿山沟组、大河深组和范家屯组,华北北缘地层区为三面井组、额里图组、于家北沟组。

大石寨组主要为一套中酸性熔岩及凝灰岩组合,局部夹正常碎屑岩,在龙江-乌兰浩特分区与下伏地层接触关系不明,在西乌旗林西分区下部常有一套碎屑岩沉积,现划为寿山沟组。大石寨组含腕足、珊瑚、䗴等多门类化石,珊瑚多数为 *Zechuanophyllum-Lytvosasma* 组合带的分子,该化石组合亦见于哲斯组下部,吉中地层区大河深组和寿山沟组,时代为早二叠世 Kungurian 期晚期—中二叠世 Roadian 期。腕足类化石中包含多个 *Spiriferella-Kochiproductus-Yakovlevia* 组合带的分子,该腕足组合还见于哲斯组下部,松辽盆地内部一心组,吉中地区范家屯组,伊春—尚志地区的土门岭组下部(玉泉灰岩)中,时代为早二叠世晚期—中二叠世早期。从化石组合特点来看,大石寨组的时代应为早二叠世晚期—中二叠世中期。大石寨组是一套以火山岩为主的地层,有众多学者针对大石寨组火山岩开展了同位素测年研究,目前研究结果看,从龙江-乌兰浩特分区大石寨组的时代为早二叠世 Asselian 期—中二叠世 Roadian 期,西乌旗-林西分区的时代较新,为早二叠世 Sakmarian 期晚期—中二叠世 Roadian 期,但该区有寿山沟组分布,碎屑锆石测年限定的沉积下限为 289Ma,为早二叠世 Sakmarian 期,与大石寨组为同时异相沉积。综上所述,大石寨组时代为早二叠世 Asselian 期—中二叠世 Roadian 期,寿山沟组的时代为早二叠世 Sakmarian 期—Artinskian 期,大石寨组下部与阿木山组、寿山沟组为同时异相沉积,上部则可能与哲斯组为同时异相沉积。

吉中地区寿山沟组与下伏磨盘山组为整合接触,为浅海相陆源碎屑岩及碳酸盐岩建造,含牙形刺、䗴、菊石、腕足等动物化石和一些植物化石,指示的时代为早二叠世 Sakmarian 期晚期—Kungurian 期。

大河深组为浅海相中酸性火山岩夹陆源碎屑岩及碳酸盐岩,产牙形刺、䗴、珊瑚等动物化石和一些植物化石,与下伏寿山沟组、上覆范家屯组均为整合接触,综合生物化石及火山岩同位素测年资料,大河深组的时代应为早二叠世 Sakmarian 期晚期—中二叠世 Roadian 期,其中下部与寿山沟组也为同时异相沉积,含有与寿山沟组相同的珊瑚(*Szechuanophyllum-Lytvolasma* 组合带)及䗴类(*Monodiexodina* 延限带)化石组合带。

青龙屯组岩性以中性—基性火山岩为主夹凝灰砂岩及凝灰质板岩,见少量植物化石,根据少量火山岩同位素测年资料,暂将青龙屯组的时代划为早二叠世,层位大致与大石寨组、大河深组相当。

杜尔伯特板岩组没有确切时代依据,因位于一心组之下,大致对比青龙屯组、大石寨组。

额里图组为陆相火山岩及正常碎屑岩,含植物化石及淡水动物化石。植物化石属于华夏植物群的 *Pecopteris-Taeniopteris* 组合带,时代为早二叠世 Kungurian 期—中二叠世 Roadian 期,火山岩同位素测年年龄与生物年代地层吻合。

三面井组为浅海相碎屑岩组合,下部有含蜓燧石灰岩和生物碎屑灰岩,含有丰富的蜓及珊瑚化石,时代为早二叠世 Kungurian 期晚期—中二叠世 Roadian 期,与额里图组为同时异相沉积,与大石寨组上部、哲斯组下部层位大致相当。

哲斯组分布广泛,区域上岩性、厚度和化石组合变化较大,南部以碎屑岩为主,局部夹有灰岩,富含腕足化石;北部以灰岩为主,富含蜓、珊瑚、腕足、菊石等化石,牙形刺目前仅见于内蒙古自治区哲斯地区,多门类化石指示哲斯组的时代为早二叠世 Kungurian 期晚期—中二叠世 Capitanian 期,其下部与大石寨组为同时异相沉积。

土门岭组以砂板岩为主,夹灰岩、酸性凝灰岩及凝灰质砂岩透镜体,含珊瑚和腕足化石。珊瑚化石称为 *Lytvolasma-Tachylasma* 组合带,与分布于哲斯组的 *Szechuanophyllum-Lytvolasma* 组合带时代相同。腕足化石划分为 2 个组合带,下部为 *Spiriferella-Kochiproductus-Yakovlevia* 组合带,上部为腕足 *Muirwoodia-Anidanthus* 组合带,其中前者分布广泛,见于大石寨组上部、哲斯组、一心组、范家屯组及于家北沟组。除动物化石外,土门岭组还见有植物化石,郭胜哲等(1992)称其为 *Neuropteris-Crassinervia* 组合,时代为早二叠世(二叠纪二分)。综上所述,土门岭组的时代为早二叠世 Kungurian 期晚期—中二叠世 Capitanian 期,与哲斯组层位大致相当。

一心组发现有腕足、双壳、腹足、角石、有孔虫 5 个门类的化石,其中腕足化石 *Spiriferella-Kochiproductus-Yakovlevia* 组合带的分子与哲斯组、土门岭组层位大致相当。

范家屯组为浅海相陆源碎屑、火山碎屑建造,产牙形刺、珊瑚、蜓、菊石、腕足等化石,指示的时代为中二叠世 Roadian 期—Capitanian 期,相当于哲斯组的中上部。

于家北沟组为一套海陆交互沉积,岩性为灰绿色和黄绿色凝灰质砂岩、砂砾岩、砾岩、粉砂岩夹板岩、火山碎屑岩组合,含蜓、腕足、双壳化石及植物化石,指示的时代为中二叠世 Roadian 期—Wordian 期,火山岩同位素测年年龄与其吻合,于家北沟组的时代应为中二叠世 Roadian 期—Wordian 期,大致相当于哲斯组下部层位。

(4)晚二叠世地层广布于兴蒙-松嫩地层大区,在南、北兴安地层区为林西组,吉中地层区为杨家沟组,松花江地层区为五道岭组、红山组。林西组为一套砂板岩组合,含双壳、叶肢介、介形虫、孢粉等动植物化石,其中植物 *Comia-Callipteris-Iniopteris* 组合带也分布于红山组和杨家沟组,据此,林西组、红山组、杨家沟组可相互对比,同属于晚二叠世沉积(图 2-3)。华北地层大区华北北缘地层区发育有铁营子组砂砾岩沉积,含丰富的华夏型植物化石,时代为晚二叠世早期,层位相当于林西组下部。

2.2.1.2 中生界

1)地层分区

在地层区划上,研究区区域上属滨太平洋地层区,大兴安岭-燕山地层分区,西界为中蒙边界,东界为松辽盆地的西缘,向南延伸至辽西燕山一带(王友勤等,1997)。本区中生代时期,形成了系列上叠盆地、山间盆地或山前盆地,填充了大量的火山岩和河湖相陆源碎屑物。三叠系分布在大型盆地和山间盆地之中,为非海相的碎屑沉积和中酸性火山岩;侏罗系为河湖相含煤陆源碎屑岩建造、中基性火山岩建造,后者构成大兴安岭火山岩建造的主体;白垩系为陆相中基性、中酸性火山岩及其碎屑岩建造,局部形成内陆湖泊相沉积建造。

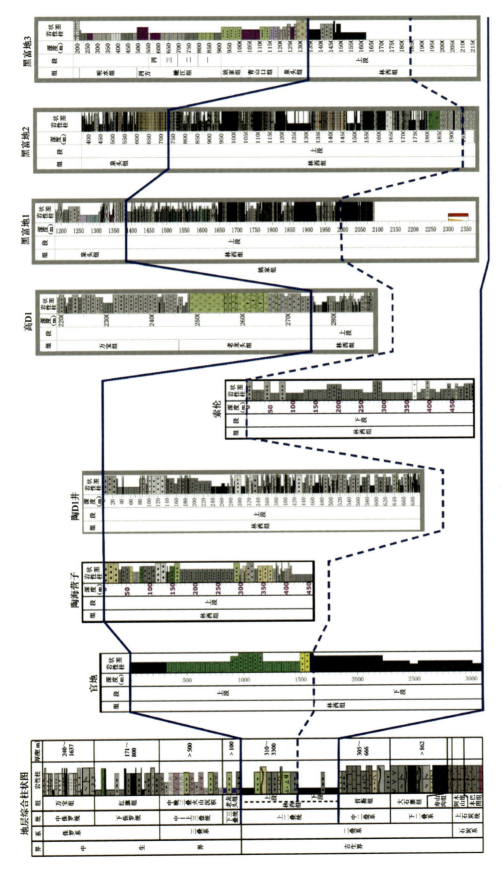

图2-3 松辽盆地西部地区上二叠统林西组柱状对比图

2）地层分布特征

中生代地层自下而上分别为下三叠统老龙头组；下侏罗统红旗组，中侏罗统万宝组、塔木兰沟组（新民组），上侏罗统土城子组、满克头鄂博组、玛尼吐组和白音高老组；下白垩统龙江组、甘河组（与伊力克得组、梅勒图组层位相当，包括九峰山组）、南屯组、大磨拐河组和伊敏组，上白垩统孤山镇组、青元岗组（表2-3）。

（1）下三叠统老龙头组。该组以灰色和黄灰色砂岩、粉砂岩、板岩，以及紫红色砂岩粉砂岩、砂砾岩为主，夹中性或中酸性火山岩，含双壳类化石及少量植物化石，与下伏林西组整合接触，分布于扎赉特旗、扎兰屯及黑龙江省龙江县至嫩江多宝山一线。

（2）下侏罗统红旗组。红旗组下部岩性为灰白色砾岩夹薄层砂岩；上部由砂岩、粉砂岩、泥岩及数层煤层组成。产植物化石。不整合在古生代变质火山岩、砂板岩之上。厚度为100～700m。含 *Coniopteris-Phoenicopsis* 植物群的早期组合带，另见有孢粉化石 *Osmundacidites*，*Asseretospora*，*Densoisporites*，*D. perinatus*，*Posphosphaera* 等，动物化石有双壳类 *Ferganoconcha tamiensis*（Ragozin）。

区内出露的红旗组及其相当层位为互不连续的、孤立湖沼盆地，其岩性、厚度和含煤情况各有所异。分布在洮南县万红盆地的红旗组，岩性以灰色和灰黑色粉砂岩、泥岩、砂岩夹多层煤为主，底部为灰白色砾岩夹灰色、灰黑色砂岩，含植物（孢粉等）及双壳类化石，厚540m左右。分布在扎鲁特旗塔他营子、巨里黑、西沙拉和巴林左旗塔少大坝至平顶山一带的红旗组（原塔他营子组），下部为砂砾岩、砂岩，上部为灰色和灰黑色沙岩、粉砂岩夹煤线，含 *Coniopteris-Phoenicopsis* 植物群早期组合，厚100余米，与万红盆地红旗组的层位相当，只是前者地层厚度小、煤层很薄。分布在科尔沁右翼中旗葛家屯一带的红旗组（原称葛家屯组）岩性为砾岩、含砾砂岩、泥岩及煤线，厚度大于730.5m。分布在突泉县牤牛海煤矿的红旗组中含煤多层，煤质发亮，含焦油。大兴安岭地区的红旗组可以与辽西地区北票组对比。

（3）中侏罗统万宝组。万宝组下部岩性为灰黄色、灰色砾岩夹砂岩，局部夹凝灰岩；中部以灰白色和灰色中、细砂岩为主，夹粗砂岩及角砾岩薄层；上部为灰黑色和黑色细砂岩、粉砂岩、泥岩夹凝灰质砂岩及煤层1～4层，厚度大于700m。生物化石：*Coniopteris-Phoenicopsis* 植物群中期组合，*Cyathidites-Asseretospora-Cycadopites* 孢粉组合，*Ferganoconcha haifanggouensis-Fananoconcha lingyuanensis* 双壳类化石组合。

该组在大兴安岭南部和北部地区及东、西坡均有分布，如扎鲁特旗联合村、黄花山、西沙拉，突泉县黑山顶，龙江县山泉镇山泉林场及山泉镇共平八队P15剖面（即1972年被称为大磨拐河含煤组，后又改称七林河组的剖面），布特哈旗惠凤川（原称太平组、南平组）等地，岩性多为灰—灰黑色和灰白色砾岩、砂砾岩、砂岩和粉砂岩，局部地区夹凝灰岩，与下伏古生界或前古生界不整合接触，其上多被塔木兰沟组覆盖。因此，这些地区的万宝组均可与洮南县万红盆地万宝组对比。从岩石组合特征、生物化石组合特征及地层上下层位关系方面看，大兴安岭地区的万宝组可以与辽西地区的海房沟组对比。

（4）中侏罗统塔木兰沟组（新民组）及其相当层位。塔木兰沟组由中基性熔岩及其火山碎屑岩夹沉积岩层组成，岩性为灰绿色更长玄武岩夹黑色粉砂质泥岩，底部为灰绿色更长玄武质角砾岩。时代属于中侏罗世，在大兴安岭中北部地区分布较广。新民组原始定义是指一套含煤地层，可分为下、中、上3个岩性段。下段为灰褐色酸性火山碎屑岩夹沉积岩，含3层煤；中段为灰黑色细沉积岩夹煤层；上段为灰紫色、灰绿色、灰白色酸性凝灰岩夹凝灰质砂岩及煤线，含动物、植物化石。在昭乌达盟阿鲁克尔沁旗新民煤矿至温都花煤矿一带最发育。

大兴安岭中北部地区的塔木兰沟组与中南部地区的新民组，在岩石组合、生物化石组合特征以及与其下伏、上覆地层的接触关系都与辽西地区的髻髻山组大同小异，它们的层位应该基本相当。

（5）上侏罗统土城子组及其相当层位。该套地层以紫色陆源碎屑岩为特征，与其上、下的火山岩或煤系地层易于区分，在区域上是一个重要标准层。付家洼子组以其紫色的火山碎屑岩及火山沉积碎屑岩为特征，岩性为一套紫色为主夹绿灰色和褐黄色砾岩、砂砾岩、砂岩和粉砂岩沉积组合，与其下伏、上覆以火山岩为主的地层容易区分。主要分布在万宝盆地德富屯、付家洼子和团结煤矿一带，厚度变化大。

表 2-3 松辽盆地西部及外围中生代地层划分对比表

年代	冀北-辽西地区标准地层	阜新盆地	秀水盆地	根河盆地	拉布大林盆地	林西-巴林左盆地	大杨树盆地	龙江盆地	突泉盆地	扎鲁特盆地
早白垩世	泉头组	孙家湾组	泉头组				孤山镇组			
早白垩世	张老公屯组									
早白垩世	阜新组	阜新组								
早白垩世	沙海组	沙海组	沙海组		大磨拐河组					
早白垩世	九佛堂组	九佛堂组	九佛堂组							
早白垩世	义县组	义县组	义县组				甘河组	甘河组	梅勒图组	梅勒图组
早白垩世							龙江组	龙江组		
晚侏罗世	大北沟组			白音高老组	白音高老组	白音高老组			白音高老组	白音高老组
晚侏罗世	张家口组			玛尼吐组	玛尼吐组	玛尼吐组		玛尼吐组	玛尼吐组	玛尼吐组
晚侏罗世				满克头鄂博组	满克头鄂博组	满克头鄂博组			满克头鄂博组	满克头鄂博组
晚侏罗世	土城子组			塔木兰沟组	塔木兰沟组	土城子组			土城子组	新民组
中侏罗世	髫髻山组			万宝组	万宝组	新民组		万宝组	万宝组	
中侏罗世	海房沟组		海房沟组							
中侏罗世	北票组									
早侏罗世	兴隆沟组								红旗组	红旗组
晚三叠世	羊草沟组									
中三叠世	后富隆山组									
早三叠世	红砬组					老龙头组		老龙头组		

目前,付家洼子组未见有生物化石的报道,根据岩石组合特征及上、下层位关系,可将大兴安岭地区付家洼子组与冀北—辽西的土城子组对比。

(6)上侏罗统满克头鄂博组及其相当层位。该组以灰白色和紫灰色含角砾凝灰熔岩、灰绿色和紫色酸性凝灰角砾岩为主,夹灰色中酸性含角砾熔岩、灰—灰绿色沉凝灰岩、凝灰砂岩与凝灰砾岩,含叶肢介 Nestoria pissovi、Abrestheria xishunjingensis,双壳类 Ferganoconcha sibirica 等化石,厚1051m,平行不整合在付家洼子组(原划土城子组)之上,被玛尼吐组紫灰色安山岩整合覆盖。

在大兴安岭南部,该组主要分布在克什克腾旗、林西、巴林左旗、阿鲁科尔沁旗、扎鲁特旗、科右中旗等地,酸性火山碎屑岩成分增加,熔岩相对减少,在扎鲁特旗民主乡联合村煤矿见其整合在新民组(万宝组)之上,向东至吉林省突泉盆地的万宝镇、铁庄—新发—德富屯一带,不整合于万宝组之上,被玛尼吐组(原付家洼子组)整合覆盖,在乌兰浩特—霍林河一带,该组以英安质凝灰岩、酸性熔结凝灰岩、流纹岩为主,夹凝灰质砾岩、砂砾岩和沉凝灰岩,含叶肢介 Nestoria sp.,厚度约1000m。在扎兰屯市乌色奇山、哈拉苏河西、团结乡沙里沟等地,该组以浅灰-灰白色、灰紫色流纹质凝灰角砾熔岩和流纹质含岩屑晶屑凝灰熔岩为主,夹流纹斑岩,最大厚度大于1090m。

(7)上侏罗统玛尼吐组及其相当层位。李文国等(1996)将玛尼吐组定义为整合于满克头鄂博组之上、白音高老组之下的中性火山熔岩,中酸性火山碎屑岩夹粗安岩,沉积岩,产叶肢介化石 Nestiria cf. pissov,Nestoria xishunjingensis,少量酸性火山岩的地层,以大量安山岩的存在与下伏满克头鄂博组、上覆白音高老组大量酸性火山岩分界。

根据巴林左旗哈达吐实测剖面资料显示玛尼吐组岩性为一套灰绿色、灰紫色、灰黑色安山岩夹中酸性玻屑凝灰岩,凝灰质砂岩。根据巴林左旗浩尔吐乡海里吐实测剖面资料显示,玛尼吐组岩性为一套暗紫色、深灰色气孔状和杏仁状安山岩,英安岩及少量玄武岩。在扎鲁特旗香山乡—新生屯一带,该组厚560~1039m;在乌兰浩特西部和西南部、大板东北部、林东、碧流台-罕庙等地该组常与满克头鄂博组相伴出露。扎兰屯市东南团结乡沙里沟剖面的玛尼吐组以灰绿色、灰黑色、灰紫色角闪安山岩,辉石安山岩和安山质火山碎屑岩为主,夹凝灰质砂岩和砾岩,厚363m,与下伏和上覆满克头鄂博组、白音高老祖均呈整合接触。

玛尼吐组与冀北地区的广义张家口组中部以安山岩为主的层段层位相当。

(8)上侏罗统白音高老组及其相当层位。白音高老组下部为灰白色、黄色凝灰质砂岩夹粉砂岩和中酸性熔岩,上部为酸性熔岩、凝灰岩,夹英安质熔结凝灰岩,含叶肢介 Keratestheria rugosa,K. bukaczensis,介形类 Eoparacypris dadianziensis 及双壳类等化石,厚250~600m。

区域上该组常为杂色酸性火山碎屑岩、酸性熔岩、酸性熔结凝灰岩夹沉积碎屑岩和安山岩。该组向北延至扎鲁特旗查干布拉克和科尔沁右翼前旗哈图漠河一带,岩性为酸性火山岩夹沉积层,含叶肢介 Jibeilimnadia levidensa,Magumbonia sp. 和植物等化石,厚1500m。在洮安县万宝镇桂林、任家沟等地以桂林剖面为代表,岩性为黄色和灰绿色凝灰质砂岩、凝灰质砾岩、黄—青灰色凝灰岩,含叶肢介 Nestoria pissovi,N. asiatica,昆虫 Ephemeropsis trisetalis 等化石,厚度大于270m。突泉县宝石地区的白音高老组以宝石剖面为代表,由下部黄绿色、灰绿色和灰白色酸性含角砾凝灰岩,酸性凝灰角砾岩及中上部沉凝灰岩夹酸性岩屑晶屑凝灰岩,灰色凝灰质砂岩组成,含叶肢介 Nestoria sp.,厚度大于811m。

总体而言,白音高老组均以酸性熔岩和酸性火山碎屑岩为主,含 Nestoria-Keratestheria 叶肢介动物群,与下伏玛尼吐组整合接触,被上覆新义龙江组或甘河组不整合覆盖。

冀北地区张家口组上部以酸性或酸碱性火山岩为主,它与该组中部以中性为主的火山岩呈整合接触。呈整合覆于张家口组之上的大北沟组,主要由沉积碎屑岩夹多层凝灰岩组成,含 Nestoria 叶肢介动物群的 Nestoria-Keratestheria 叶肢介化石组合,含 Luanpingella-Eoparacypris 介形类化石组合,并有昆虫 Ephemeropsis trisetalis 等,其中一些重要的叶肢介属种,如 Nestoria pissovi,Magumbonia jingshangensis 等,介形类 Eoparacypris dadianziensis,E. jingshangensis 等均见于白音高老组。因此,大兴安岭地区的白音高老组完全可以与冀北地区的张家口组上部至狭义的大北沟组对比。

(9)下白垩统龙江组。新义龙江组为不整合在白音高老组或更老地层之上,被甘河组(含原九峰山组)不整合覆盖的中性、中酸性、酸性火山岩与沉积碎屑岩地层,含 Eosestheria-Lycoptera-Ephemeropsis trisetalis 生物群中期生物化石组合。光华组层型剖面和上库力组层型剖面所控制的层位分别相当于新义龙江组的中上部、中下部,以层型剖面为代表的上库力组和光华组均作为新义龙江组的同物异名。

大兴安岭地区中北部和东坡、西坡各地,如龙江县山泉镇光华大队、扎兰屯市柞木梁子、阿荣旗那克塔石油矿、阿荣旗查巴奇东山根、呼伦贝尔市伊列克得北山、奈吉公社图幅乌里西北、莫尔道嘎镇金林达赖沟林场西北、额尔古纳右旗上库力、拉布达林农牧场良种站东山、阿尔哈沙特、罕达盖林场东南等剖面,均以中性、中酸性火山岩和碎屑沉积岩为主,与下伏地层呈角度不整合接触。

大兴安岭中北部火山岩地区化石稀少,但在沉积夹层中可以见到少量叶肢介和植物化石。含热河生物群晚期类群的化石组合包括叶肢介 Eosestheria (Plocestheria) sp.、Eosestheria (Dongbeiestheria) sp.;昆虫 Ephemeropsis trisetalis、Coptoclala sp.;双壳类 Ferganoconcha sibirica、F. subcentralis、F. sphaerium cf. pusilla;介形虫 DarwinμLa contracta、Cypridea sp.、Zizipocypris cf. simakovi 等。从生物地层对比的角度看,龙江组生物化石总体组合特征与辽西地区义县组下部的生物组合面貌基本相似,只不过龙江组的生物化石类型较为简单。本次工作采集了火山岩同位素测年样品,用激光 Ar-Ar 法测试结果(125.4 ± 1.8)Ma。根据生物地层、岩石组合以及与下伏地层间的区域性角度不整合面的接触关系,龙江组与辽西地区的义县组下部基本上可以对比。

(10)下白垩统甘河组(含九峰山组)及其相当层位。该组以玄武岩或安山岩等中基性熔岩为主,岩石颜色多样,气孔、杏仁构造较发育,时见玉髓、玛瑙,一段和二段时有薄煤层或煤线。甘河组底部常以巨厚的玄武岩或中基性火山岩呈喷发不整合或平行不整合覆盖在龙江组之上,亦呈角度不整合盖在更老地层之上。

甘河组在大兴安岭地区广泛分布。大杨树盆地南部拗陷杨参 1 井的原甘河组和原九峰山组可以与大杨树煤田九峰山—双好区第三勘探剖面的原九峰山组和甘河东 67 号~215 号孔剖面的原甘河组较好地进行对比。伊列克得后山的甘河组(曾被称为伊列克得组、梅勒图组)主要由灰黑色气孔杏仁状辉石玄武安山岩和辉石玄武安山岩组成,厚度大于 377m,它与下伏龙江组及上覆孤山镇组均呈不整合接触。牙克石南暖泉牧业队的甘河组(原伊列克得组)第三段主要为褐黑色杏仁状伊丁石化玄武岩、灰黑色玄武岩、紫红色杏仁状玄武岩,底部为褐紫色玄武质角砾岩,厚 995m;第二段为浅灰色凝灰质砂岩和少许黑色粉砂质页岩,厚近 38m;第一段为黄绿色偏碱性玄武质凝灰岩,厚近 98m,未见顶,与下伏白音高老组呈平行不整合接触。金河林业局吉峰林场西南四支线 17km 北剖面的甘河组(1:25 万阿龙山镇幅区域地质调查报告,黑龙江省地调总院,2003),由灰黑—浅紫色橄榄玄武岩和浅紫色玄武质含角砾凝灰岩组成,厚度大于 536m,未见顶,与下伏满克头鄂博组不整合接触。图里河镇成本沟西山剖面的甘河组(1:25 万额尔古纳左旗幅区域地质调查报告,黑龙江省地调总院,2003),由黑色玄武岩、玄武安山岩夹灰色安山质含角砾凝灰岩组成,厚度大于 682m,未见顶,不整合在白音高老组之上。西呼鲁图诺尔东北 6.5km 处的 ZK14 号钻孔的甘河组(即 1:20 万西庙幅的伊列克得组区域地质调查报告,内蒙古自治区区测二队,1986;内蒙古自治区地质局 116 队所称的九峰山组,1983),下部为浅灰紫色安山玄武岩夹灰白色、灰绿色角砾岩,厚大于 29m,属于甘河组一段;中部为砾岩、砂砾岩、砂岩和粉砂岩与泥岩互层,厚 63.3m,划归甘河组二段;上部为紫色粗玄岩与杏仁状玄武岩,厚 57.4m,为甘河组第三段;该孔未钻穿甘河组,控厚大于 149m,其上被南屯组(原大磨拐河组底部)不整合覆盖。经笔者野外实地调查,1:20 万新巴尔虎右旗幅布拉格台音花-哈沙廷包勒德如剖面的甘河组(原伊列克得组及原大磨拐河组底部;内蒙古自治区区测二队,1987),下部为灰绿色、灰黑色玄武岩和少许安山岩,厚近 255m;上部为紫色酸性或偏酸性晶屑凝灰岩夹少许灰白色沉凝灰岩(原大磨拐河组底部),厚 213.5m,该组总厚达 468m,与下伏白音高老组(原上库力组第三段)呈角度不整合接触,其上被南屯组(原大磨拐河组)平行不整合覆盖。相当于甘河组不整合在白音高老组之上的中基性火山岩在乌兰浩特地区,曾被称作平山组,如哈图莫河剖面和突泉东北部水泉镇敖扎拉格剖面的平山组均以安山玄武岩为主,夹安山质火山碎屑岩及其熔岩，在昭乌达盟地区同层位的安山岩则被称为梅勒图组，由于梅勒图组和平山组均属甘河组的晚出同物异名，故在本书中统称甘河组。大兴安岭地区的甘河组在大中型盆地中多被层位相当于辽西地区九佛堂组的南屯组平行不整合覆盖，伏于甘河组之下的龙江组（新义）如前所述，总体相当于辽西地区义县组的下部，加之甘河组第二段（原九峰山组）的孢粉组合面貌与义县组的基本相似（蒲荣干等，1985），故将甘河组主体与义县组中上部对比。

（11）下白垩统南屯组。南屯组层型剖面位于海拉尔盆地东北部鄂温克凹陷南屯地区，以 81-33 孔、81-34 孔和 86-5 孔综合剖面为代表。南屯组是以湖相沉积为主的地层，一般下细上粗。一段以黑色泥岩为主，夹粉、细砂岩和砂砾岩，局部夹油页岩与灰岩；二段为灰色厚层粉砂岩、含油粉砂岩。在盆地或拗陷边缘或隆起附近，粗碎屑沉积相对发育，可见紫红色、杂色砾岩与砂砾岩夹砂岩和粉砂岩。产生物化石孢粉 *Classopollis-Pseudopicea variabiliformis-Piceaepollenites multigrumus*（克拉梭粉-多变假云杉粉-多云云杉粉）组合；介形类 *Limnocypridea subscalara-Hailaeria dignata*（近梯形湖女星介-良好海拉尔介）组合与 *Cypridea badalahuensis-Hailaeria cretacea*（巴达拉湖女星介-白垩海拉尔介）组合，分别出现在南屯组一段和二段。在海拉尔盆地，南屯组与下伏甘河组或更老地层呈不整合接触，与上覆大磨拐河组呈平行不整合或整合接触。

南屯组在海拉尔盆地扎赉诺尔拗陷、贝尔湖拗陷、巴彦山隆起和呼和湖拗陷区的 10 余个拗陷内均有分布，其岩性主要为深灰色砂泥岩互层，常出现泥灰岩和油页岩，边缘地区多夹粗碎屑岩，含孢粉、沟鞭藻、介形类、双壳类和腹足类等化石，厚 400～600m，最厚达 1000m。鉴于大兴安岭地区的南屯组和辽西地区的九佛堂组同属断陷盆地快速沉降至稳定沉降期河、湖相沉积，均以湖相沉积为主，都存在生油环境，二者含有少部分可相对比的重要生物化石（如南屯组的 *Ilyocyprimorpha microverrucata* 和 *Mongolianella oblique*，九佛堂组的 *Yumenia casta* 和 *Mongolianella longiuscula*），二者分别位于甘河组及义县组之上，又分别被层位相当的大磨拐河组、沙海组含煤地层覆盖，故将南屯组与九佛堂组对比。

（12）下白垩统大磨拐河组。刘国昌等于1951年将五九煤田至免渡河一带的含煤地层称为大磨拐河煤系，命名剖面位于呼伦贝尔盟喜桂图旗大磨拐河。大磨拐河组下部以灰黑色、深灰色湖相泥岩为主；上部以砂泥岩互层为主，粉砂岩和砂岩较下部明显增多，夹多层煤。该组总体显现为一套河湖相砂泥岩互层的反韵律沉积。大磨拐河组产孢粉、藻类、叶肢介和植物化石，一段产孢粉 *Deltoidospora hallii-Piceaepollenites exilioides*（哈氏三角孢-微细云杉粉）组合、*Nyktericysta beierensis beierensis-Vesperopsisglabra*（贝尔贝尔蝙蝠藻-光面拟蝙蝠藻）组合和 *Ilyocyprimorpha hongqiensis-Rhnocypris rivulosus*（红旗土星介-具槽纹刺星介）组合；二段产 *Vesperopsis contrangularis-Nyktericysta ramiformis*（反角拟蝙蝠藻-枝状蝙蝠藻）组合。海拉尔盆地大磨拐河组和霍林河盆地霍林河组下含煤段的植物以 *Acanthopteris-Ginkgo coriacea* 组合为代表。大磨拐河组一段（1 200.0～1 531.5m）主要为黑色、黑灰色泥岩与粉砂质泥岩，夹泥质粉砂岩、粉砂岩和泥灰岩；二段（663.5～1 200.0m）为黑灰色和灰色粉砂质泥岩、泥质粉砂岩与泥岩不等厚互层，偶夹砂岩、砂砾岩和泥灰岩。该组厚 536.5m，与下伏南屯组和上覆伊敏组均呈整合接触。

蒲荣干等（1985）研究了扎赉诺尔群及其相当层位的孢粉化石，认为分布在海拉尔盆地各个拗陷、牙克石免渡河煤田、五九煤田、额尔古纳市拉布大林煤田和霍林河煤田的大磨拐河组和霍林河组等均属于赋存 *Cicatricosisporites-Concavissimisporites-Pilosisporites* 孢粉组合的层位，以其独有的一些重要分子既与甘河组（原九峰山组）的孢粉组合相区别，又与伊敏组的孢粉组合不同，因而认为这些地区的大磨拐河组层位相当，可以相互对比。辽西地区的沙海组亦为含煤地层，与其下伏九佛堂组、上覆阜新组多呈整合接触，含以 *Appendicisporites-Impardecispora-Pilosisporites* 为代表的孢粉组合，可以与大兴安岭地区大磨拐河组中上部孢粉组合对比，故认为大磨拐河组与辽西地区的沙海组层位相当。

（13）下白垩统伊敏组。伊敏组由黑龙江省伊敏煤田会战指挥部地质研究室于1973年命名，选层型剖面为内蒙古自治区海拉尔市南约50km伊敏煤矿第三、第十七勘探线综合柱状剖面（黑龙江省地层表编写组（1979）采用并发表）。大庆油田海拉尔盆地地层讨论会（1990）将伊敏组自下而上分为伊敏组第一、二、三段，沿用至今。叶得泉等（2003）和万传彪等（2005）也将伊敏组划分为3段。岩性以灰绿色、绿灰色泥岩、粉砂质泥岩、泥质粉砂岩和粉砂岩为主，偶夹粗砂岩及砂砾岩，第一段常见砂泥岩互层且夹多层煤。伊敏组第一段以浅灰色、绿灰色厚层泥岩较发育，夹多层煤；第二段为灰色和绿灰色泥岩、粉砂质泥岩、泥质粉砂岩与绿灰色粉砂岩、细砂岩；第三段主要为浅灰色、绿灰色与灰绿色泥岩、粉砂质泥岩、泥质粉砂岩、灰白色粉砂岩与细砂岩，局部地区夹杂色砂砾岩、紫红色泥岩及煤层。伊敏组与下伏大磨拐河组多呈整合接触，与上覆上白垩统清元岗组呈角度不整合接触。

伊敏组第一段产 *Impardecispora purveruleta-Abietineae pollenites microalatus*（敷粉非均饰孢-小囊单束松粉）孢粉组合，第二段产 *Triporoletes reticulates-Stereisporites antiquasporites-Pinuspollenites minutus*（网纹三孔孢-古老坚实孢-小双束松粉）孢粉组合，第三段产 *Appendicisporites-Inaperturopollenites dubius-Asteropollis asteroides* 孢粉组合。伊敏组第一段藻类产 *Vesperopsis-Lecaniella proteiformis-Nyktericysta pentaedrus*（拟蝙蝠藻—易变雷肯藻—五边蝙蝠藻）组合；植物化石为 *Ruffordia-Dryopterites* 组合。

大兴安岭地区的伊敏组与辽西地区的阜新组均为早白垩世晚期温湿气候条件下形成的含煤地层，除阜新组顶部水泉层段外，这两个组的植物化石均属 *Ruffordia-Dryopterites* 组合范畴（邓胜徽等，1997），孢粉亦同属 *Triporoletes-Appendicisporites-Interulobites* 组合（蒲荣干等，1995），据此可将伊敏组与阜新组作对比。

(14) 上白垩统孤山镇组。该组由黑龙江省地调总院齐齐哈尔分院于2005年创名，层型剖面位于内蒙古自治区阿荣旗孤山镇南6km。该组下部为浅灰—棕色流纹质含集块凝灰角砾岩和灰白色流纹岩，厚116.51m；中上部为紫色、灰绿色粗面岩，厚447.16m；该组控厚大于563.67m，未见顶，与下伏甘河组呈喷发不整合接触。值得注意的是，1:25万阿荣旗幅中的甘河组K-Ar同位素年龄为105～98.3Ma，而孤山镇组的K-Ar同位素年龄则为104～91.9Ma，二者的年龄几乎近等。据此分析，甘河组与孤山镇组之间似乎不应存在区域性角度不整合界面。以往认为孤山镇组与甘河组呈角度不整合接触，进而将甘河组时代定为早白垩世，将孤山镇组时代定为晚白垩世，是很值得推敲的。本书将孤山镇组时代置于晚白垩世。除上述地层外，阜新盆地和秀水盆地主要发育早白垩世地层，自下而上为义县组、九佛堂组、沙海组、阜新组和孙家湾组（泉头组）。

义县组以中性和基性火山岩、火山碎屑岩为主，局部夹中酸性—酸性和碱性火山岩、火山碎屑岩及沉积岩，底部常具厚度不大的砾岩、砂岩，含热河动物群化石。在秀水盆地沉积夹层较多，为重要的生烃层位，在阜新盆地未见沉积岩夹层。

九佛堂组以灰色和灰绿色钙质、粉砂质页岩、页岩、粉砂岩为主，夹油页岩、泥灰岩、砂岩和砾岩等，为一套以湖相沉积为主的沉积岩组合，平行不整合于义县组之上，产介形、腹足、双壳、鱼、孢粉等多门类化石。该组发育在秀水盆地的中南部，底部为一层灰黄色厚层安山质砾岩，下部为灰白色和浅灰色薄层粉砂岩、纸片状页岩，中部和上部为黄灰色及黄绿色砂岩、粉砂岩，与灰色和灰绿色页岩、粉砂质页岩、泥岩不等厚互层。在阜新盆地为深灰色泥岩、灰岩、油页岩夹凝灰质砂岩。

沙海组以河湖相为主，夹冲积扇及泥沼相的碎屑、泥质沉积，主要由砂岩、页岩夹砾岩或角砾岩组成，局部夹煤层、油页岩及含油砂岩。该组超覆不整合于义县组、土城子组或老地层之上或平行不整合，个别见有微角度不整合于九佛堂组之上。在阜新盆地，下部为灰色、灰白色、黄色砂砾岩，顶部发育煤系地层，为一套扇三角洲相加积为主的沉积，与下伏九佛堂组整合或假整合接触。在秀水盆地平行不整合于义县组之上，为一套以河流相沉积为主夹湖泊相沉积的地层，岩性主要由灰黄色和灰绿色复成分砾岩、长石砂岩、泥岩及粉砂岩组成，局部夹煤层、油页岩，产木化石。

阜新组以灰白色砂岩、砾岩为主，夹深灰色泥岩、碳质页岩和多层煤，整合于沙海组之上，产植物（如孢粉）、双壳等化石。在阜新盆地，上部为滨湖三角洲相、沼泽河流相沉积，以灰色泥岩、碳质泥岩为主，夹长石砂岩、含砾砂岩，局部夹玄武岩及薄煤层；下部以浅湖相沉积为主，岩性为深灰色泥岩、灰色和浅灰色长石砂岩、岩屑砂岩夹泥灰岩。

泉头组指不整合于阜新组及其他老地层之上，以紫色页岩、粉砂岩为主，夹黄色、灰绿色、灰色等杂色砂岩，含砾砂岩，砾岩及砂质灰岩的一套沉积地层，含有双壳、介形、脊椎动物和植物（如孢粉）等化石。

该组主要出露在秀水盆地北部，岩性为灰紫色复成分砾岩、灰色和灰白色含砾砂岩、紫红色黏土质、含钙质结核黏土质粉砂岩，在阜新盆地与其层位相当的地层为孙家湾组，岩性为褐红色砂砾岩夹薄层褐红色泥岩，仅有少量孢粉，与下伏阜新组不整合接触。

2.2.2 岩浆岩

2.2.2.1 侵入岩发育特征

区域上岩浆活动强烈，岩浆岩发育，侵入岩浆作用主要形成于古元古代、新元古代、早古生代、晚古生代和中生代，其中晚古生代和中生代侵入岩浆作用最为强烈。侵入岩呈北东向展布，主要包括闪长岩类、正长花岗岩、二长花岗岩、花岗岩和花岗斑岩以及少量蛇绿混杂岩带中产出的基性—超基性侵入岩。

1）古元古代侵入岩

古元古代侵入岩主要出露于大兴安岭西北角的莫尔道嘎以北地区和呼中以西一带。它侵入兴华渡口岩群，被新元古代和三叠纪花岗岩类侵入岩侵入，并呈捕虏体分布其中。

2）中—新元古代侵入岩

中元古代侵入岩主要出露在呼玛西部北西里—兴隆沟和扎兰屯市西部绰尔一带，主要包括混合花岗岩类（混合岩化英云闪长岩、混合岩化二长花岗岩、混合岩化石英正长岩）、英云闪长岩。

新元古代侵入岩主要出露在大兴安岭北部内蒙古自治区额尔古纳市、根河市北部，黑龙江省塔河县、呼中镇和呼玛县一带，主要包括中基性杂岩（$Pt_3\nu-\delta$）、中酸性花岗岩类（$Pt_3\eta\delta o$、$Pt_3\delta o$、$Pt_3\gamma$）和酸性偏碱性的花岗岩类（$Pt_3\xi\gamma$、$Pt_3\eta\gamma$、$Pt_3\xi$）。

3）早古生代侵入岩

早古生代侵入岩主要出露于塔河地区、加格达奇—呼玛以南地区、额尔古纳市的七卡、八卡和瓜地沟一带，恩和、三道梁、二道梁的吉拉林一带，主要包括二长花岗岩、辉长岩、正长花岗岩、英云闪长岩、花岗闪长岩和闪长岩。

4）晚古生代侵入岩

晚古生代花岗岩类侵入体的形成时代有晚泥盆世、早石炭世、晚石炭世和二叠纪。主要分布内蒙古自治区境内滨洲线南、北两侧。在扎兰屯市西北卧牛河、先锋和乌努呼鲁一带、乌奴耳至牙克石一带、三根河林场、根河市以北、黑河—嫩江一带、扎赉特旗至乌兰浩特一带、林西—西乌珠穆沁旗一带以及黑龙江北部的塔河地段，主要包括辉长岩、石英闪长岩、二长闪长岩、闪长岩、英云闪长岩、花岗闪长岩和正长花岗岩、黑云角闪二长闪长岩、黑云二长花岗岩角闪二长岩、碱长花岗岩。

5）中生代侵入岩

中生代侵入岩出露广泛，三叠纪、侏罗纪和白垩纪侵入岩均有分布，以燕山期侵入岩分布最广。主要分布在大兴安岭南部地区，林西县新林镇—同兴一带，赤峰市林西县、巴林左旗、宁城县、喀喇沁旗、阿鲁科尔沁旗，内蒙古自治区科尔沁右翼中旗代钦塔拉地区，兴安岭北部扎兰屯市南木—腰站，内蒙古自治区乌兰浩特大石寨地区，额尔古纳左旗地区，南部满洲里地区，呼玛以北的韩家园子至正棋村一带，大兴安岭的扎兰屯至小乌尔其汉一带，主要包括花岗、辉长闪长岩、角闪辉长闪长岩、辉石闪长岩、辉石石英闪长岩和石英二长闪长岩、二长花岗岩、黑云母花岗岩、花岗闪长岩、云母二长岩、角闪花岗岩、二长闪长岩和碱长花岗岩石英闪长岩。

2.2.2.2 火山岩发育特征

东北地区中新生代火山事件按发育的时间顺序，可以分为5个时期，即三叠纪火山事件、侏罗纪火山事件、白垩纪火山事件、古近纪和新近纪火山事件。

1) 三叠纪构造-火山事件

三叠纪的火山活动是东北地区自中生代以来第一次发生的区域性火山活动,仅出现于少数盆地中,主要地质年代为晚三叠世,形成的火山岩岩性以酸性为主,中性火山岩次之,基性火山岩仅限于局部地区(图 2-4)。

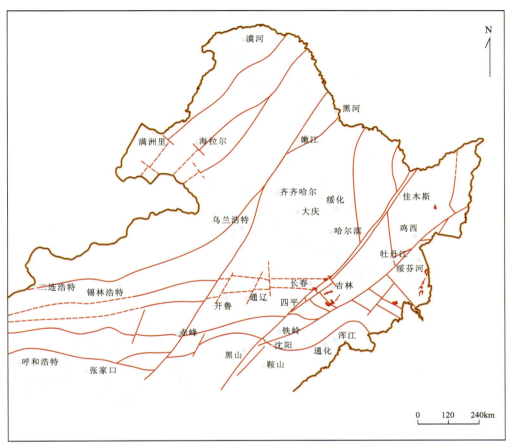

图 2-4　中国东北地区晚三叠世火山岩分布示意图

2) 侏罗纪构造-火山事件

侏罗纪自下而上发育的火山旋回为兴隆沟旋回和髫髻山旋回,在辽西地区发育较好。底部的早侏罗世兴隆沟旋回,主要出露于马友营-黑山科盆地的东部。该旋回火山岩系呈北东向带状展布,分布于盆地的周边,岩性由老到新由基性变为中性,且以中性的安山岩类为主,没有酸性岩类。中侏罗世蓝旗旋回(髫髻山旋回),出露十分广泛,几乎遍及整个辽西地区,以马友营-黑山科盆地、北票盆地出露面积较大,岩性主要由中性到中酸性的安山岩、辉石安山岩、英安岩组成,局部地段出露有玄武岩及流纹岩。依据辽西地区 2 个火山-沉积旋回的特点来看,兴隆沟旋回和蓝旗旋回两个旋回的形成主要与板内应力有关,是在挤压盆地中形成的,而义县旋回主要与深部地质过程有关,是弧后裂谷盆地的产物。

3) 白垩纪构造-火山事件

早白垩世是整个东北地区中生代火山活动的全盛时期,形成大体呈北北东向展布的巨型火山岩带。早白垩世火山活动具有典型的面型分布特点,时间集中在 135～120Ma 期间,高钾钙碱性和钾玄质火山岩构成东亚地区巨大的火成岩省。

西部盆地群自下而上发育的火山旋回为塔木兰沟旋回(龙江)、上库力旋回(九峰山)和伊力克得旋回(甘河)。南部盆地群发育的火山旋回主要为义县旋回。

(1) 下白垩统。早白垩世火山岩在东北地区各个盆地普遍发育,为燕山中期火山活动产物,其时限为 145～97Ma。这一期火山旋回表现为东北地区中—新生代以来最强烈的一次火山活动,遍及整个东北。火山岩带中心位于大兴安岭轴线,向两侧火山岩厚度减薄。燕山中期形成的火山岩岩性主要由玄武岩类、安山岩类、粗面岩类及流纹岩类组成(图2-5)。

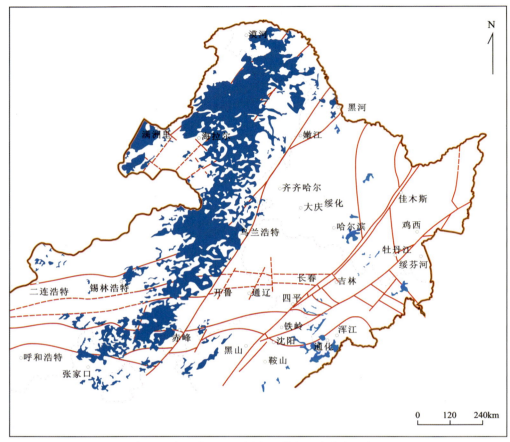

图2-5　中国东北地区早白垩世火山岩分布示意图

(2)上白垩统。晚白垩世火山在东北地区发育很少(图2-6)。

2.2.3　区域构造

2.2.3.1　构造位置与构造单元划分

1)大地构造位置

研究区区域大地构造位置位于西伯利亚板块与华北板块之间,由多个微板块主体在中生代早期拼合成统一的复合板块,并在中、新生代时期,在板块的东缘受到环太平洋板块拼贴和洋壳俯冲作用,北缘受到蒙古-鄂霍茨克海缝合带俯冲-碰撞作用的多重影响。

区域构造变形经历了前中生代不同时期、不同方向的板块拼合造山作用及其之后的中、新生代板内构造作用改造,具有不同的构造指向和复杂的变形样式。东北地区早期板块同碰撞造山作用决定了主要造山带总体展布和基本构造样式,后期板内变形控制了造山带的拆离、伸展塌陷,及逆冲、走滑作用改造。

2)构造单元划分

研究区区域构造演化主要为基底构造演化和上叠盆地演化。基底构造主体受古亚洲域构造作用影响,其构造格局表现为,南为中朝板块,北为西伯利亚板块,自北而南依次为额尔古纳微板块、大兴安岭

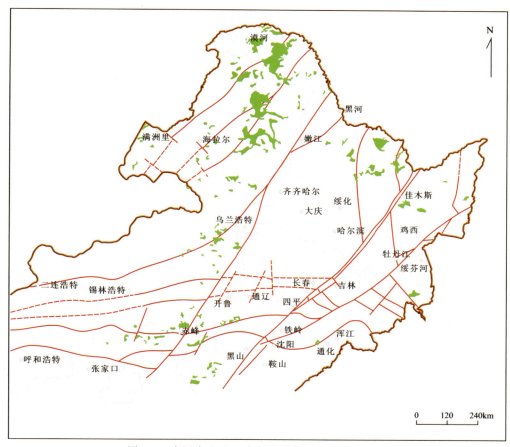

图2-6 中国东北地区晚白垩世火山岩分布示意图

微板块、松嫩-张广才岭微板块、兴凯微板块、佳木斯微板块、那丹哈达增生地体。在各微板块之间发育塔源-喜桂图旗缝合带、嘉荫-牡丹江缝合带、八面通缝合带、二连-黑河缝合带、温都尔庙-西拉木伦河缝合带、索伦-林西缝合带、那丹哈达西缘俯冲带(图2-7)。

华北板块北缘：华北板块北缘后陆褶皱逆冲带；华北板块北缘基底隆起带；华北板块北缘早古生代增生褶皱带；华北板块北缘晚古生代增生褶皱带。

(1) 额尔古纳微板块：喜桂图旗逆冲拆离构造带；额尔古纳基底隆起带。

(2) 大兴安岭微板块：甘南逆冲拆离构造及海西期板块俯冲带；乌奴耳逆冲拆离构造带。

(3) 松嫩-张广才岭微板块：锡林浩特复合褶皱逆冲带；松辽盆地西部逆冲推纽带；松辽盆地东部逆冲推纽带；张广才岭基底卷入型褶皱逆冲带与岩浆岩带；绥芬河逆冲推纽带。

(4) 兴凯微板块。

(5) 佳木斯微板块。

(6) 那丹哈达增生地体。

2.2.3.2 深大断裂特征

晚古生代深大断裂发育(图2-8，表2-4)，主要深断裂总体沿西伯利亚板块与中朝板块之间的构造活动带分布，而且在板块边界附近平行于板块的边界展布。如赤峰-开原断裂和西拉木伦断裂，平行于中朝板块的北界，呈东西向展布，位于西伯利亚板块南侧的额尔齐斯-中蒙古-德尔布干断裂带大致呈向南凸出的弧形展布，贺根山-黑河深断裂、伊尔施-呼玛断裂等也都具有这种弧形弯曲的特点，由东西向转为北东向延伸。

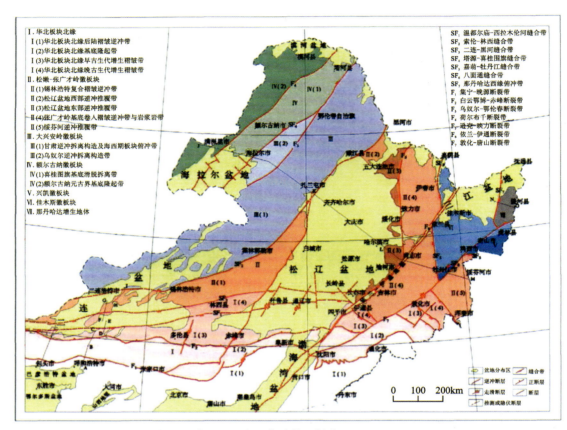

图 2-7 东北地区主要构造单元划分（据程三友，2006）

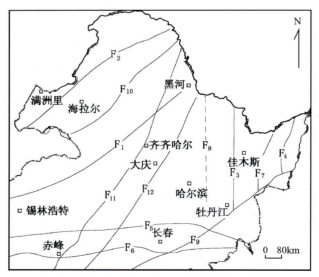

图 2-8 东北地区晚古生代主要断裂分布示意图

F_1.贺根山-黑河断裂；F_2.德尔布干断裂；F_3.牡丹江断裂；F_4.大和镇断裂；F_5.西拉木伦断裂；
F_6.赤峰-开原断裂；F_7.同江-鸡西断裂；F_8.逊克-尚志断裂；F_9.敦化-密山断裂；
F_{10}.伊尔施-呼玛断裂；F_{11}.嫩江断裂；F_{12}.孙吴-大庆断裂

表 2-4 晚古生代东北地区主要深断裂一览表

编号	断裂名称	时期		岩浆活动	物理场特征	
		形成期	主活动期		重力	磁力
F_1	贺根山-黑河断裂	Pt_3	Pz、Mz	γ、Σ	线性异常梯度带	断续的线性异常
F_2	德尔布干断裂	Pt_3	Pz、Mz	γ、δ、Σ、υ	等值线有规律变化	变异带
F_3	牡丹江断裂	Pt_1	Pt_2、Pz、Kz	β、γ、υ	两侧异常特征有别	正负磁场的分界线
F_4	大和镇断裂	Pz	Pz、Mz、Kz	β、γ、Σ、υ	不同特征分界线	不同特征分界线
F_5	西拉木伦断裂	Pz_1	Mz	γ、δ、Σ、υ	不同特征分界线	断续的线性异常
F_6	赤峰-开原断裂	Ar	Ar—E	β、γ、δ、Σ、υ	负异常带	不同特征分界线
F_7	同江-鸡西断裂	P_2	Pz、Mz、Kz	υ、γ、β	线性异常,不同特征分界线	不同特征分界线
F_8	逊克-尚志断裂	Pt_3	Pz、Mz、Kz	β、γ、υ	不同异常走向分界	线性异常或两侧不同异常走向
F_9	敦化-密山断裂	Pz_2	Pz、Mz、Kz	β、γ、δ、Σ、υ	线性异常梯度带	断续的线性异常
F_{10}	伊尔施-呼玛断裂	Pt_3	Pz、Mz	γ、υ	等值线方向变化(局部)	串珠状异常
F_{11}	嫩江断裂	Pt_3	Pz、Mz	β、γ、Σ、υ	区域背景场分界线	梯度较缓的正异常带
F_{12}	孙吴-大庆断裂	Pt_3	Pz、Mz、Kz	β、γ、δ	区域背景场分界线	梯度较缓的正异常带

注:Σ.超基性岩类;υ.基性岩类;δ.中性岩类;γ.酸性侵入岩;β.玄武岩类。

东北地区中、新生代深断裂大多沿早期的断裂带进一步发展和演化。地球物理场、岩浆活动带、地震带和地势展布均表明东北地区存在的一系列深断裂将地壳切割成一系列断块。

从分布特点来看,以北北东向深断裂系为主,如扎赉诺尔断裂带、嫩江断裂带、孙吴-双辽断裂带、依兰-伊通断裂带、敦化-密山断裂带、德尔布干断裂带、贺根山-黑河断裂带等。近南北向的断裂主要集中在松辽盆地以东地区,如牡丹江断裂带、铁力-尚志断裂带、大和镇断裂带等。北西向深断裂有滨州线断裂带和第二松花江断裂带。最南部发育有近东西向的西拉木伦断裂带和赤峰-开原断裂带。这些断裂大部分自晚古生代开始活动而且控制着区域构造单元及其演化。

2.2.3.3 上地幔的起伏变化规律与区域构造

从莫霍面深度图(图 2-9)上可以看出,莫霍面深度基本呈北东向展布,深度变化的规律是从中间向东、西两侧逐渐变深,最浅的位置在明水—安达—长岭一线,莫霍面最浅深度小于 29km。从这条连线向东、西两侧,莫霍面的深度逐渐增大,但东、西两侧莫霍面下降的梯度有所不同。在西侧,从大兴安岭的东坡向西深度变化梯度比较大,在 100km 宽的范围内,莫霍面深度增大 7km,在大兴安岭山脉处出现两个北东向的宽缓的局部凹陷区,最大深度达 46km;在东侧,莫霍面平缓下降,其中有两个凹陷区,一个与张广才岭位置一致,最大深度达 38km,另一个与长白山山脉对应,深度达 42km。在佳木斯地块上为莫霍面隆起,最浅部位在三江盆地的绥滨断陷,深度 31km。

1)研究区及周边莫霍面的起伏与上覆构造密切相关,主要表现如下。

(1)莫霍面的隆起和凹陷分别对应在新生代沉积区和褶皱山区,如松辽盆地、海拉尔盆地、三江盆地分别对应着莫霍面隆起,而大兴安岭、小兴安岭、张广才岭、长白山则分别对应着莫霍面凹陷。

(2)莫霍面深度图以北东、北北东向线性构造最为清晰和完整,而东西、南北向构造线表现为被北东、北北东向改建和破坏,呈断续出现的特点。

(3)莫霍面的起伏与现代地形之间具有密切的镜像关系,是地壳现代均衡的表现,但也不是处处都表现为这种镜像关系,如哈尔滨以东地区,表明这一地区的地壳是处于一种重力的不均衡状态,可能是

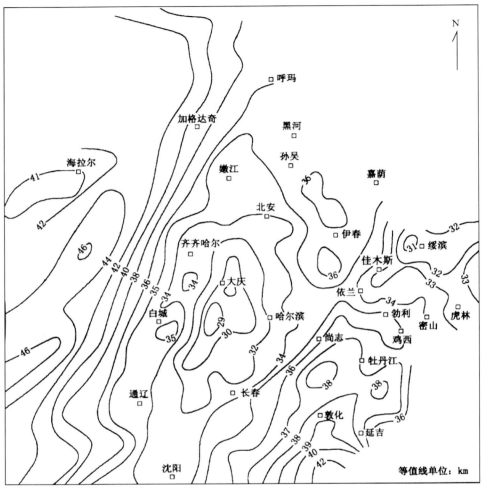

图 2-9　东北及邻区莫霍面深度平面图

新构造运动的活跃区。

(4)深大断裂与莫霍面变化带对应,如依兰-伊通断裂、敦化-密山断裂等。

2)依莫霍面深度、起伏变化及形态特征可将本区划分成 3 个分区,分区特征如下。

(1)西部区:位于嫩江深断裂带以西,深度变化在 36~46km 之间,总体呈向西倾并呈北北东走向,西部海拉尔盆地呈局部凸起。

(2)中部区:位于嫩江断裂带和牡丹江断裂带之间,深度变化在 29~35km,35km 等深线范围与松辽盆地现今边界相当,莫霍面起伏轴线呈北北东向,莫霍面最高点对应松辽盆地中央拗陷区。

(3)东部区:位于牡丹江断裂带以东,深度变化范围 3~31km,北部对应三江盆地为莫霍面局部凸起,凸起中心在绥滨断陷,最高点 31km;南部为莫霍面局部凹陷,中间为过渡带。

2.2.3.4　松辽外围盆地群划分

根据中、新生代盆地所处的板块构造背景、盆地充填、构造演化、火山活动、油气和煤地质特征等的综合特征,本书将东北地区的中、新生代盆地群分划分为以三江、勃利、鸡西、虎林、伊兰-伊通等盆地为代表的东部盆地群;以松辽盆地和孙吴-嘉荫盆地为代表的中部盆地群;以海拉尔盆地、二连盆地为代表的西部盆地群;以铁岭-昌图盆地、阜新-义县盆地为代表的南部盆地群(图 2-10,表 2-5)。

依据 4 个盆地群分布特征可以看出,盆地分带性明显,多数追踪基底断裂网络发育,以北东向为主,北西向次之,形成了东西成带、南北分块的总体构造格局。其次,盆地在基底断裂的影响下分段性强,它制约了盆地区地壳的成熟度。同生断陷盆地群占绝对多数,中、西部中的中生代断陷盆地埋藏较深且保存较好或较完整;东部中的中生代断陷盆地埋藏较浅而且后期改造也强烈,现今呈残留盆地群。

结合东北地区中生代沉积盆地地质特征、区域地层分布及火山发育旋回,中生代盆地期可以分为晚侏罗世—早白垩世断陷盆地期和晚白垩世裂陷—拗陷盆地期。断陷盆地期形成了北北东向展布的盆-岭体系,以断裂和岩浆活动剧烈为特征。盆地是在断裂控制下降沉积的,西部断陷带似乎较中部断陷带发育要早。

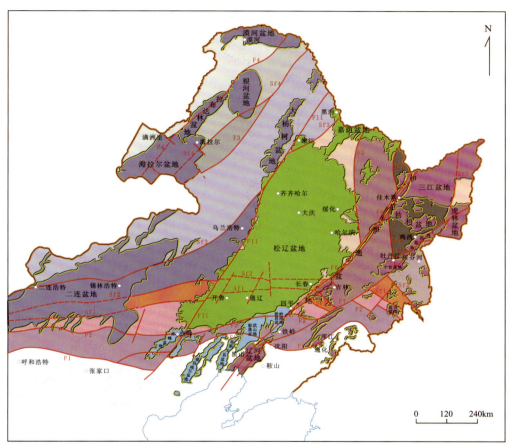

图 2-10 松辽外围盆地群划分

表 2-5 东北地区盆地群划分表

盆地群	盆地	面积(km²)	时代	油气情况
西部盆地群	漠河盆地	18 000	J	
	海拉尔盆地	43 100	J、K	油气田
	二连盆地	109 000	J、K	油田
	拉布达林盆地	13 000	J	
	根河盆地	20 000	J	
	大杨树盆地	14 000	J	
	呼玛盆地	2600	J	

续表 2-5

盆地群	盆地	面积(km²)	时代	油气情况
中部盆地群	松辽盆地	260 000	J,K	油气田
	孙吴-嘉阴盆地	15 500	J	
东部盆地群	三江盆地	33 730	J—E	
	勃利盆地	9000	E	
	虎林盆地	9400	E	
	鸡西盆地	4100	J	
	宁安盆地	5200	J	
东部盆地群	延吉盆地	1900	E	
	伊兰-伊通盆地	9300	J—E	油气田
	辽河盆地	25 500	K,E	油气田
	抚顺盆地	76	K,E	
南部盆地群	铁岭-昌图盆地	7440	J,K	
	阜新-义县盆地	2000	J,K	
	金岭寺-羊山盆地	5530	J,K	
	建昌-喀左盆地	3756	J	
	平庄-马厂盆地	2332	J,K	

晚白垩世裂陷-坳陷盆地期,盆地形成的总体趋势东移。西部坳陷层较薄,而中部松辽盆地将众多小型断陷连为一体,形成巨大坳陷型盆地。东部盆地群仍普遍隆起遭受剥蚀,也有新发育起来的小型断陷-坳陷型盆地,如延吉盆地。不论是断陷还是坳陷,此阶段的构造岩浆活动显著减弱。

自西向东盆地形成具有随时间东移的时序规律,同时盆地纵向演化规律也有显著的不同。西部仅发育早期断陷盆地,仅有较薄的坳陷层。中部松辽盆地具有断陷-坳陷-构造反转的三段式演化模式。东部同江-鸡西断裂以西为断陷-坳陷型盆地,以东为坳陷型盆地。盆地形成时序演变、空间位置上演化模式的不同,预示了深部壳幔相互作用的差异和区域构造背景的不同。

2.2.4 地球物理特征

2.2.4.1 区域重力场特征

研究区区域重力异常的数值及其变化的主要趋势基本与地形成镜像关系,与区域地质结构有密切的关系。

1)西部区

西部区位于嫩江断裂带以西,为一巨大的重力负异常区,异常梯度大(大兴安岭东坡可达 $1\times 10^{-5}\,\mathrm{m\cdot s^{-2}/km}$),强度大(极值达 $-95\times 10^{-5}\,\mathrm{m\cdot s^{-2}}$),异常走向北北东(北东 $20°\sim 30°$)。异常区东侧为著名的大兴安岭重力异常梯级带(向南延至武陵山);异常区北端对应漠河盆地,异常走向北北西,异常值较高;异常区西侧为北北东走向,相对高的重力异常对应海拉尔盆地。

2)中部区

中部区位于嫩江断裂带和牡丹江断裂带之间,是以正异常为主的重力异常区,异常梯度比较小,局部异常轴向变化频繁,异常多由 1~2 条等值线圈闭,面积大小不一且形态变化较大。松辽盆地以正异常为主,异常值为$(-5\sim10)\times10^{-5}\mathrm{m\cdot s^{-2}}$,局部异常轴向不规则,总体呈北北东—北东向,亦有局部北西向异常,异常形态变化较大;小兴安岭以负异常为主,异常值为$(-10\sim5)\times10^{-5}\mathrm{m\cdot s^{-2}}$,异常整体呈北西走向,局部异常多呈单线圈闭,规律性差;对应张广才岭为负异常,异常值为$(-25\sim-5)\times10^{-5}\mathrm{m\cdot s^{-2}}$,异常走向北东;依兰-伊通地堑和敦化-密山断裂带为异常梯级带。

3) 东部区

东部区位于牡丹江断裂带以东,垂力异常特征南北有别。北部为正异常,异常值为$(5\sim25)\times10^{-5}\mathrm{m\cdot s^{-2}}$,局部异常高低相间排列,不紧密,形态多为等轴状,方向性不明显;南部为负异常,异常值为$(-20\sim-5)\times10^{-5}\mathrm{m\cdot s^{-2}}$,异常走向近南北向。

2.2.4.2 区域磁场特征

研究区磁场区域性差异较大,不仅表现在区域背景的性质、强度及水平梯度的变化上,而且也表现在异常的形状、规模、走向及相互间的组合分布规律等方面(图2-11)。

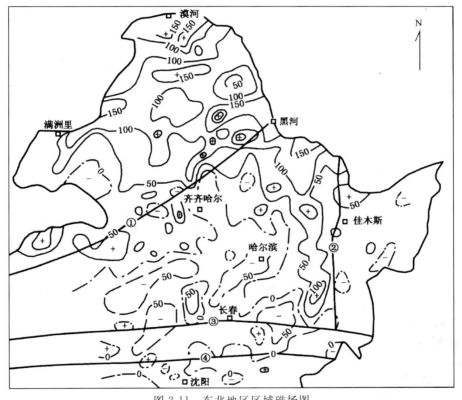

图2-11 东北地区区域磁场图
①贺根山-黑河深断裂;②牡丹江深断裂;③西拉木伦深断裂;④赤峰-开原深断裂

1) 西部区

西部区位于嫩江断裂带以西,磁异常以正负局部条带分布为特征,方向以北北东为主,异常峰值变化范围为$-200\sim500\mathrm{nT}$。异常区北端漠河盆地区表现为近东西向异常;西部海拉尔盆地为平缓的负异常区,异常值$0\sim-100\mathrm{nT}$,局部有$100\mathrm{nT}$的正异常。

2) 中部区

中部区位于嫩江断裂带和牡丹江断裂带之间,松辽盆地为负背景场,分布有宽缓的正异常,异常变化范围$-200\sim200\mathrm{nT}$。异常变化表明存在北北东和北西西向两组近正交的构造线。小兴安岭和张广才岭则为宽缓的正背景场上无规律分布,局部有强正磁异常,异常排列紧密。

3) 东部区

东部区位于牡丹江断裂带以东，以平缓正异常、没有稳定走向为特征，局部叠加有规模不大的线性正异常。

2.3 研究区域地质特征

松辽盆地是最重要的大型中、新生代陆相沉积的含油气盆地，研究区构造位置处于松辽盆地西部斜坡区的超覆带。

2.3.1 地层

松辽盆地基底为前古生代、古生代的变质岩和火成岩系，上部沉积盖层从侏罗纪开始，至新生代均有不同程度的发育，最大厚度可达 11 000m 以上，但以白垩系为主，地表均被第四系所覆盖。

研究区古生代地层属兴安地层区，乌兰浩特-哈尔滨地层分区；中、新生代地层属滨太平洋地层区，松辽地层分区。自下而上发育二叠系寿山沟组、大石寨组、哲斯组、林西组，侏罗系红旗组、万宝组、满克头鄂博组、玛尼吐组、白音高老组，白垩系火石岭组、沙河子组、营城组、登娄库组、泉头组、青山口组、姚家组、嫩江组、四方台组、明水组，第三系依安组、大安组、泰康组，第四系。

1) 二叠系

(1) 下二叠统寿山沟组（P_1ss），为一套滨浅海相陆源碎屑岩沉积夹薄层泥质灰岩，主要的岩石类型有含炭屑粉砂质板岩、岩屑长石石英砂岩、薄层泥灰岩、砂屑灰岩及纹层状灰岩等。与上覆下二叠统大石寨组呈整合接触，被中侏罗统万宝组沉积地层及晚侏罗世火山岩广泛覆盖。

(2) 下二叠统大石寨组（P_1d），为一套海相火山岩夹碎屑岩建造，岩性组合为流纹质角砾岩屑玻屑凝灰岩、沉流纹质晶屑玻屑(细)凝灰岩、灰绿色安山质含角砾岩屑熔岩、绿帘石化安山岩、浅灰黄色流纹岩、变质粗安岩、青灰色变质含砾粗粒长石岩屑杂砂岩、灰色含砾岩屑砂岩、灰色中粒硬砂岩、灰褐色细粒硬砂岩，夹灰岩透镜体，含腕足类化石。

(3) 中二叠统哲斯组（P_2z），岩性主要为灰黑色粉砂质泥岩、黄褐色中细粒长石石英砂岩、黄褐色砾岩、灰黑色粉砂质泥岩、黄褐色泥质粉砂岩。含腕足类、双壳类、苔藓虫等化石。

(4) 上二叠统林西组（P_3l），岩性为灰黑色和灰绿色泥质页岩、板岩、砂岩、粉砂岩互层，夹中性和中酸性火山岩、泥灰岩透镜体。

2) 侏罗系

(1) 下侏罗统红旗组（J_1h），上部以灰黑色和深灰色粉砂岩、黑色泥岩为主，夹灰色和灰白色薄层细—粗粒砂岩、砾岩、灰绿色凝灰岩，灰色凝灰质砂岩和薄煤层；中部为灰色、灰黑色粉砂岩和细砂岩互层，夹薄层中粗砂岩及可采煤层数层；下部为灰白色砾岩为主夹薄层砂岩。产动、植物化石。与晚古生代地层呈不整合接触。

(2) 中侏罗统万宝组（J_2w），上部灰黑色和黑色细砂岩、粉砂岩、泥岩夹凝灰质砂岩及煤层1~4层；中部灰白色和灰色中、细砂岩为主，夹粗砂岩及角砾岩薄层；下部为灰黄色、灰色砾岩夹砂岩，局部夹凝灰岩。与下伏红旗组呈平行不整合接触。

(3) 上侏罗统满克头鄂博组（J_3m），以酸性火山熔岩及火山碎屑岩为主，夹正常沉积碎屑岩。在东北部德富屯、双花吐一带出露较多的火山碎屑沉积岩夹层。不整合于林西组、万宝组或新民组等老地层之上。

(4) 上侏罗统玛尼吐组（J_3mn），岩性为中性和中性偏碱性火山熔岩，岩性包括粗面安山岩、火山碎屑岩夹沉积岩和少量酸性火山岩的地层。与下伏满克头鄂博组呈断层接触。

(5) 上侏罗统白音高老组（J_3b），岩性为灰绿色、灰黄色、灰白色等火山碎屑沉积岩，沉积火山碎屑岩及少量火山碎屑岩,局部夹正常碎屑沉积岩、中酸性和酸性凝灰质熔岩及磁铁矿砂岩薄层。产昆虫、叶肢介化石。与下伏玛尼吐组呈整合接触。

3)白垩系

(1)下白垩统火石岭组(K_1h),以火山碎屑岩和火山喷发岩为主的沉积建造。上部为凝灰岩、安山岩,凝灰岩灰色致密、坚硬呈块状,偶见气孔;中部为深灰色和灰黑色泥岩、灰色粉砂岩、细砂岩、砂砾岩;下部为安山岩。与下伏地层呈不整合接触。

(2)下白垩统沙河子组(K_1sh),以深灰色和灰黑色泥岩、灰色粉砂质泥岩、泥质粉砂岩、细砂岩、砂砾岩为主,局部夹煤线,有植物化石和介形虫化石。

(3)下白垩统营城组(K_1yc),上部以流纹质凝灰岩、流纹岩为主,夹凝灰质砂岩、砾岩;中部以凝灰质砾岩、砂岩为主,夹安山岩;下部由灰紫色和灰绿色安山质凝灰岩、安山岩组成。与下伏沙河子组呈平行不整合接触。

(4)下白垩统登娄库组(K_1d),上部泥岩与细砂岩互层;下部为块状砂砾岩,泥岩为灰黑色和紫褐色。不整合于不同时代老地层之上。

(5)下白垩统泉头组(K_1q),由上至下分为4段。

泉头组四段:由棕红色和灰绿色泥岩、粉砂质泥岩、灰白色、浅灰绿色泥质粉砂岩组成,由下而上,为数个由粗到细的间断型不完整旋回层。

泉头组三段:紫红色、灰色泥岩与细砂岩互层,砂岩以泥质胶结为主,钙质次之。

泉头组一段、二段:下部为厚层状砂岩和紫红色泥岩互层;上部以褐红色泥岩为主。

不整合于老地层之上,个别地区整合于登娄库组之上。

(6)上白垩统青山口组(K_2qs),由上至下分为3段。

青山口组三段:上部为棕红色泥岩;下部为浅灰色、灰绿色粉砂质泥岩,产介形虫化石。

青山口组二段:黑灰色、灰绿色泥岩与黑褐色油页岩呈不等厚互层,产介形虫化石。

青山口组一段:灰黑色泥岩、油页岩,上部为黑灰色泥岩,产介形虫化石。

与下伏泉头组呈整合接触。

(7)上白垩统姚家组(K_2y),岩性以棕红色、暗紫红色泥岩为主,夹灰色和灰绿色泥岩、灰白色粉砂岩,泥质粉砂岩,泥岩、粉砂质泥岩呈致密块状,含灰质结核,见似角砾状及干裂,产介形类化石。与下伏青山口组呈整合接触。

(8)上白垩统嫩江组(K_2n),由上至下分为5段。

嫩江组五段:以浅灰色、深灰色、灰绿色泥岩和粉砂质泥岩,与灰绿色和灰白色泥质粉砂岩、粉细砂岩组成韵律状互层,夹少量灰黑色、棕红色泥岩。产介形虫化石。

嫩江组四段:为灰绿色、绿灰色、灰黑色泥岩和粉砂质泥岩,与泥质粉砂岩、粉细砂岩互层。产介形虫、叶肢介、软体动物化石和炭化植物碎片。

嫩江组三段:为灰绿色、灰黑色、黑色泥页岩,泥岩,灰白色粉砂岩。含粉末状黄铁矿夹粉砂岩及菱铁矿条带,产介形虫及软体动物化石。

嫩江组二段:由灰黑色、深灰色泥页岩组成,局部夹粉砂质泥岩、粉砂岩。底部黑色油页岩厚约8~15m,为区域最重要一级标志层。岩石中含粉末状黄铁矿及条带状菱铁矿质泥灰岩薄层或结核。

嫩江组一段:岩性单一,以灰黑色泥页岩和油页岩为主,夹少量灰色和灰绿色泥岩、粉砂质泥岩及微细的粉砂条带。泥岩中常含粉末状黄铁矿和菱铁矿结核。产丰富的介形虫、叶肢介、鱼和爬行类等化石。油页岩层为一级标志层。与下伏姚家组呈整合接触。

(9)上白垩统四方台组(K_2s),由灰色、灰绿色、深灰色、棕红色泥岩和粉砂质泥岩,与灰白色、灰绿色泥质粉砂岩和粉—细砂岩组成,局部夹砂砾层,含黄铁矿结核。产介形虫、叶肢介和底栖动物化石。与下伏嫩江组呈整合接触。

(10)上白垩统明水组(K_2m),上部为灰棕色、灰绿色、灰白色、棕红色等杂色泥岩,粉砂质泥岩,泥质粉砂岩,粉砂岩组成的韵律互层,局部夹钙质砂岩及砂砾岩;下部以灰绿色泥岩、粉砂质泥岩为主,夹棕红色、灰绿色砂岩。与下伏四方台组呈整合接触。

4) 古近系

依安组(E_1y),以中粗粒砂岩为主,下粗上细,具有较明显的韵律。

5) 新近系

(1) 新近系大安组(N_1d),由泥岩、砂质泥岩、砂岩、含砾砂岩和砂砾岩组成,下粗上细,具有较明显的韵律。

(2) 新近系泰康组(N_2t),岩性为黄绿色、灰绿色泥岩,砂质泥岩,砂岩,砂砾岩,下粗上细,具明显韵律,盆地中个别钻孔见薄煤层、硅藻土等。

6) 第四系

研究区第四系主要为黄色和灰白色黄土、砂砾石及砂层。

研究区地表全部为第四系覆盖,第四系成因复杂,主要为冲洪积、风积、湖沼沉积。

冲洪积沉积主要分布于河谷及季节性的河床中,下部为浅黄色和灰白色砂及砂砾石,磨圆度在中等以上;上部为亚砂土,夹粉细砂或透镜体。

风积沉积主要以淡黄色、褐黄色粉细砂为主,松散,分选、磨圆度均很好,中间及上部见厚度不等的黄土层,黄土主要为砂土。

湖沼沉积主要分布于大小泡子周边和季节积水的低洼低地中,为灰黑色和黄褐色淤泥质亚黏土、淤泥质亚砂土,夹粉砂薄层及透镜体。

2.3.2 构造

研究区大地构造位于天山-兴蒙地槽褶皱系的东端,是在加里东期褶皱带、海西早期和海西晚期—印支期增生褶皱带基础上发育起来的中、新生代多期复杂叠合盆地,其边界受嫩江断裂(F_6)、依兰-伊通断裂(F_{10})等深大断裂控制。

盆地拗陷层总体呈碟形,将其自北向南划分为北部倾没区、东北隆起区、西部斜坡区、中央拗陷区、东南隆起区和西南隆起区 6 个构造单元(图 2-12)。

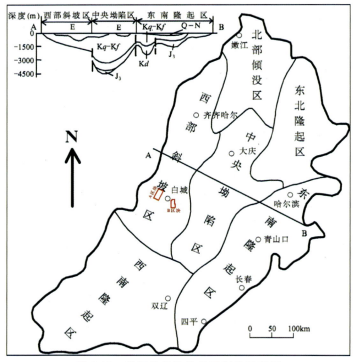

图 2-12 松辽盆地构造单元划分示意图

研究区位于西部斜坡区西南部,该区在区域上是单倾的斜坡,构造圈闭不发育,仅发育一些低幅度的断鼻和背斜构造,但总体上幅度很低,规模较大的背斜、断层不发育。从松辽盆地现今发现的已知油气藏(图2-13)表明,油气是沿着断裂、砂体及不整合面构建的运移系统向西侧运,油气藏属于大量构造、岩性以及构造-岩性油气藏等,气藏类型比较复杂。因此该区在油气运移路径上寻找构造-岩性、断层遮挡、岩性和岩性上倾尖灭圈闭油气藏是主要勘探方向。

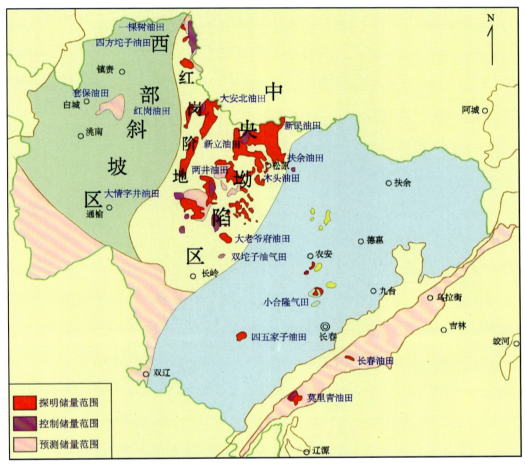

图2-13　松辽盆地南部油气藏分布示意图(据吉林地质调查研究院,2007)

1)主要断陷构造单元划分

研究区位于西部断陷带Ⅰ级构造单元内,根据F_{37}断裂两侧的构造走向及地层岩性发育特征,将F_{37}断裂两侧划分出为南部断陷、北部断陷两个Ⅱ级构造单元。在两个南、北断陷的基础上,进一步划分出了9个次一级的断陷单元(图2-14),定级为Ⅲ级构造单元。西部断陷带发育较厚的白垩系,油气源丰富,断裂发育,为油气运移提供了通道,是寻找油气藏的有利地区(图2-15)。

2)主要断陷分布特征

(1)下—中侏罗统主要断陷分布特征。侏罗纪断陷主要发育在研究区的西部、南部以及南部外围(图2-16),洮南往北至五棵树一带没有侏罗系发育,没有相对应的断陷。侏罗纪断陷主要在研究区南部及外围发育,北部仅在平安镇—哈达一线有小面积的发育,丰收镇断陷和高力板断陷侏罗系较发育,是探查侏罗系油气藏的有利地区。

由图2-16可见,平安镇断陷—青山镇断陷—高力板断陷具有较为明显的北东向展布特征,而向海断陷—通榆断陷一线其构造走向不明显。向海断陷、中心屯断陷主体是北西向展布;而丰收镇断陷及通榆断陷则近于南北向展布。各断陷面积统计见表2-6。

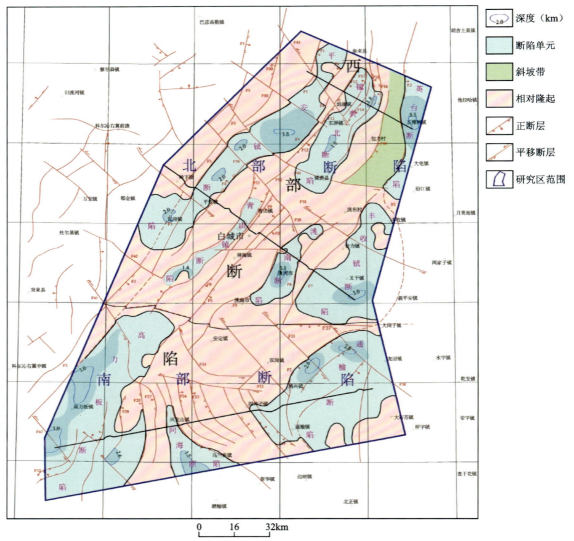

图 2-14　西部断陷带构造单元划分示意图

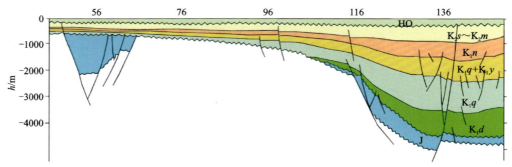

图 2-15　西部断陷带地层剖面结构示意图

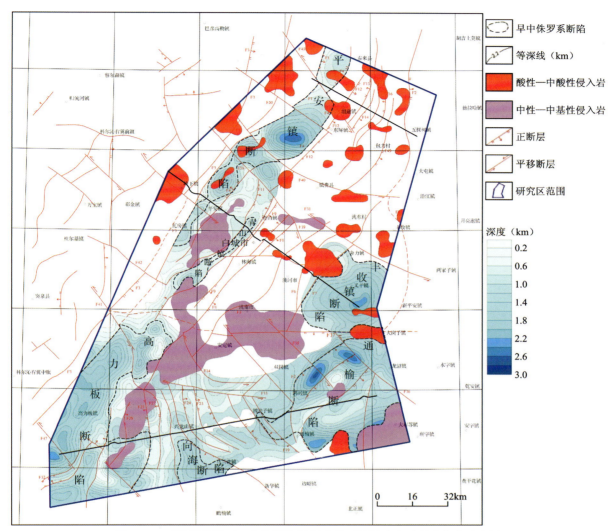

图 2-16　西部断陷带下—中侏罗统沉积岩顶面埋深及主要断陷分布示意图

表 2-6　西部断陷带侏罗系主要断陷统计表

序号	断陷	面积（km²）
1	平安镇断陷	1196
2	青山镇断陷	170
3	丰收镇断陷	915
4	高力板断陷	2424
5	向海断陷	268
6	通榆断陷	1891
侏罗系主要断陷总面积		6864

下—中侏罗统主要断陷顶面埋深最深的位于 A 区块西北部的平安镇断陷（镇深 1 井附近），最大埋深 2.8km 以上；其次是高力板断陷，最大埋深约 2.8km；下—中侏罗统顶面埋深相对较浅的向海断陷，最大埋深约 1.0km。

由图 2-17 可见，下—中侏罗统沉积岩残余厚度一般为 400~800m，最大厚度可达 1000m。残余厚度分布面积较大断陷主要是高力板断陷、丰收镇断陷、平安镇断陷（镇深 1 井附近）及向海断陷等。丰收镇断陷、高力板断陷、向海断陷的残余厚度约 1000m。

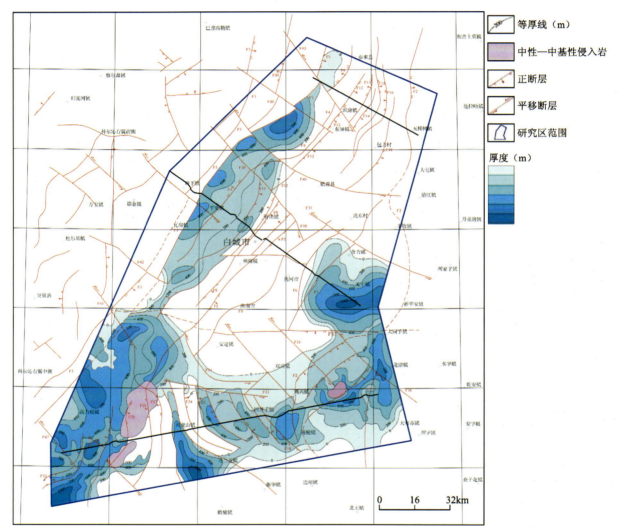

图 2-17　西部断陷带下—中侏罗统沉积岩残余厚度分布示意图

（2）上古生界主要断陷分布特征。晚古生代断陷在研究区及外围均有发育（图 2-18），在安定镇、黑水镇一带由于闪长岩的大面积侵入，造成此处缺失地层沉积。由图 2-18 可见，晚古生代断陷整体上以北东—北北东向展布为特征，在向海断陷和中心屯断陷以北西向展布，且断陷面积相对较大（表 2-7）。

在断陷里或周边均有岩浆岩发育（主要为花岗岩），但在向海断陷北部花岗岩发育一般。

由图 2-18 可见，上古生界主要断陷顶面埋深最深处位于英台断陷，最大埋深约 6.0km；其次是洮南断陷，最大埋深约 4.0km；埋深相对较浅的位于向海断陷和中心屯断陷，最大埋深为 0.8~1.4km。

综上所述，上古生界主要断陷具有一定的继承性，其上多叠覆侏罗系及白垩系的盖层沉积，如丰收镇断陷、通榆断陷及高力板断陷等都是同时沉积了 3 个时代的地层，尤其是丰收镇断陷和通榆断陷，3 个时代的地层沉积厚度都较厚，且面积较大，具有一定的规模效应；同时断陷内构造相对较为单一，断裂等破坏构造不强烈,具备一定的油气勘探潜力,为利用油气化探圈定油气有利聚集带提供较好的基础信息。

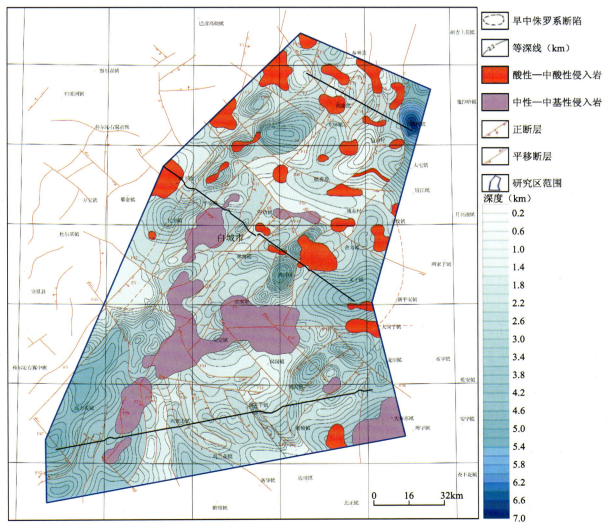

图 2-18 西部断陷带上古生界沉积岩顶面埋深及主要断陷分布示意图

表 2-7 西部断陷带上古生界主要断陷统计表

序号	断陷	面积（km²）
1	平安镇断陷	1739
2	镇赉北断陷	858
3	英台断陷	428
4	青山镇断陷	284
5	洮南断陷	381
6	丰收镇断陷	1175
7	高力板断陷	2744
8	向海断陷	419

续表 2-7

序号	断陷	面积（km²）
9	通榆断陷	2082
中晚古生界主要断陷总面积		10 110

2.3.3 地球化学特征

松辽盆地地球化学勘探工作程度较高，但分布不均，主要工作集中在西部斜坡区和东南隆起区。松辽盆地为低背景、非均匀的地球化学场，其中酸解烃甲烷均值为 11.23μL/kg，重烃均值为 3.59μL/kg，ΔC 均值为 0.61%（表 2-8）。松辽盆地内，盆地北部的地球化学场高于盆地南部，东南隆起区高于西部斜坡区，其中盆地内中央拗陷区各项地球化学指标丰度相对较高，其重烃和 ΔC 的地球化学测量值分别是 4.16μL/kg 和 2.17%，东南隆起区重烃均值为 3.96μL/kg，西部斜坡区虽然重烃均值（5.788μL/kg）较高，但 ΔC 的均值仅为 0.593%，低于盆地平均水平，总体地球化学场低。

表 2-8　松辽盆地主要油气化探指标统计表（据赵克斌，2005）

样本件数（件）	酸解烃甲烷		酸解烃重烃		ΔC	
	均值（μL/kg）	变异系数（CV）	均值（μL/kg）	变异系数（CV）	均值（%）	变异系数（CV）
26 995	11.28	4.79	3.59	4.28	0.61	1.33

西部斜坡区基底为一东倾单斜，上覆白垩系由东向西超覆。该区完成大面积的化探工作，圈定了东、西 2 个异常区带（图 2-19）。西部异常区带位于太平庄—镇东—洮南一带，大体与地层超覆带相对应，且该异常区带内的镇赉地区的异常，各项指标均有异常存在，具有酸解烃、ΔC 异常强度较大的特点。镇赉异常区处于继承性北西向基底鼻状隆起带上，具有良好的构造背景，同时异常位于嫩江组沉积中心，盖层条件优越，生物成因气发育，是油气兼探，以气和高丰度稠油为主的地区。东部异常区带北起五棵树-安广-平安-龙沼，南至通榆东，地层埋深较西部异常区带深，邻近生油凹陷，处于构造陡坡带，异常区带内 ΔC 含量在 1.20%～1.95%之间，重烃含量在 8～12μL/kg 之间，该区带南端通榆东的太平山和龙沼地区，圈出两个高值带，异常衬度高，各项指标均有异常存在，组合配置好，叠合面积大，异常紧靠生油凹陷，油源丰富，下白垩统在保康与通榆一带形成河流相砂体，同时在陡坡带易形成地层差异压实的复合构造圈闭，油气地质条件较为优越。研究区位于该化探工作区内，地球化学条件优越，揭示研究区是寻找油气藏的有利区（带）。

2.3.4 地球物理特征

西部斜坡区重力异常等值线密集，走向北东东的成排重力高和重力低，由北向南相间排列为特征，说明斜坡不是简单的斜坡，而是斜中有洼，洼凸相间的斜坡，且单个重力高，一般延伸较短，多数呈穹隆状，这些重力高所对应凸起的基岩埋深都较浅，一般小于 2000m，西部稍深一些。

研究区 A 区块重力场由西向东为"低—高—低"特征，布格重力异常值在（−5～20）×10⁻⁵m·s⁻²之间变化，异常轴线呈北东向延伸，东、西两个北东向延伸的重力梯级带呈"西陡东缓"特征；B 区块重力场由北向南为"低—高—低"特征，布格重力异常值在（−10～0）×10⁻⁵m·s⁻²之间变化，异常轴线呈东西向延伸，北部低值区呈葫芦状展布，南部低值区呈不规则状展布的特征。研究区布格重力异常低值区与区域断陷对应较好，高值区为岩浆岩侵入造成基底抬升，异常梯度带与区域断裂关系密切。

2 区域地质概况

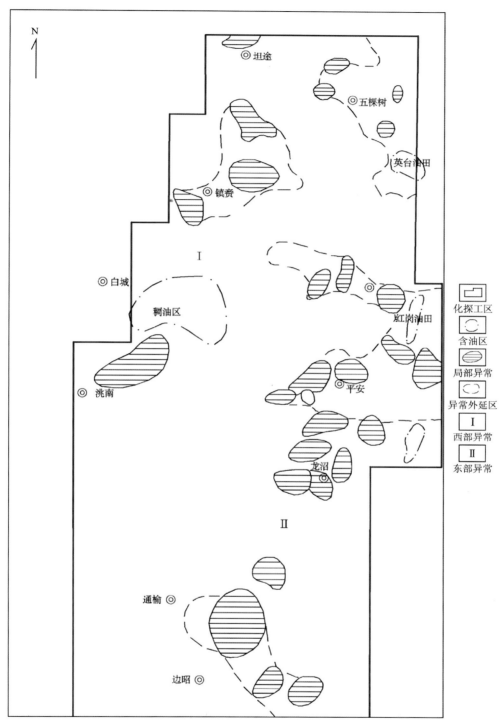

图 2-19 松辽盆地西部斜坡区化探图

3 油气地质与成藏条件

3.1 油气成藏条件分析

松辽盆地是以下白垩统含油岩系为主体的大型陆相沉积盆地,具有丰富的油气资源和良好的生成、运移、聚集、保存的地质条件及理想的生、储、盖组合。松辽盆地有 5 个配置较好的含油气组合和 8 套含油层系(表 3-1),其中顶部组合含生化甲烷气,深部组合含石油、煤型气和二氧化碳,其余各组合均含石油和油型气。依据松辽盆地石油地质条件,对松辽盆地油气成藏条件浅析如下。

表 3-1 松辽盆地含油气组合划分表

地层					油层			相序	湖盆发育阶段	地层厚度(m)
界	系	统	组	段	代号	组合	名称	代号			
新生界	第四系				Q				河流-沼泽		0~143
	古近纪		泰康组		N_2t						0~135
			大安组		N_1d						0~125
中生界	白垩系	上统	明水组	二段	K_2m^2	顶部组合	明水气层	M	滨湖-泛滥平原	萎缩	0~357
				一段	K_2m^1						0~298
			四方台组		K_2s				泛滥平原		0~410
		下统	嫩江组	五段	K_1n^5	上部组合	黑帝庙油层	H	泛滥平原		0~500
				四段	K_1n^4				滨湖		
				三段	K_1n^3				较深湖-深湖	极盛	50~120
				二段	K_1n^2						80~213
				一段	K_1n^1						27~120
			姚家组	三段、二段	K_1y^{2+3}	中部组合	萨尔图油层	S	滨湖-泛滥平原淤积	再度扩张	10~200
				一段	K_1y^1		葡萄花油层	P		衰退	80~600

续表 3-1

地层					油层			相序	湖盆发育阶段	地层厚度(m)
界	系	统	组	段	代号	组合	名称	代号			
中生界	白垩系	下统	青山口组	三段、二段	K_1qn^{2+3}	中部组合	高台子油层	G	较深湖-深湖	兴盛	80～600
				一段	K_1qn^1						40～100
			泉头组	四段	K_1q^4	下部组合	扶余油层	F	滨浅湖-河流	扩张	0～120
				三段	K_1q^3		杨大城子油层	Y			0～500
				二段	K_1q^2	深部组合	农安油层	N	河沼-滨湖		0～480
				一段	K_1q^1						0～890
			登娄库组		K_1d						
	侏罗系				J						
古生界					Pz						

3.1.1 生油层条件

松辽盆地经历了长期的拗陷发展阶段，主要的生油岩为白垩系泥岩、油页岩，但各系段生油岩条件各具特色且相互间略有差别。

松辽盆地有机质丰度均比较高，用常规标准划分，为较好的生油岩，加之生油岩面积和厚度较大，为该区的油气资源提供了丰富的物质来源。根据研究区内外钻孔资料显示，研究区发育白垩纪含油地层，油气资源丰富而且稳定。

白垩系青山口组和嫩江组一段为主要生油层（表 3-2），植物炭屑丰富，有机质丰度指标高、油气成熟度为高成熟—过成熟阶段，具有生成油气的有利条件。

表 3-2 松辽盆地生油层及地球化学特征

层位指标	有机碳（%）	总烃（%）	总烃/有机碳（%）	有利生油层厚度（m）	有机质类型	评价
青一段 K_1qn^1	2.207	0.161 2	7.3	80	Ⅰ	最有利生油岩
嫩一段 K_1n^1	2.042	0.146 7	6.11	95	Ⅱ	最有利生油岩
青二段、三段 K_1qn^{2+3}	0.707	0.028 5	4.03	265	Ⅰ～Ⅱ,部分为Ⅲ	有利生油岩

3.1.2 储集层条件

盆地西缘的储集层发育及其分布状况主要受各时期的沉积体系控制。由于湖盆具有兴急衰缓的发育特征,从而使垂向上发育多套储集层;又由于物源多,水系发育,从而形成半环状展布的大型砂体。

松辽盆地储层以河流三角洲及滨浅湖砂岩储集层为主,主要受控于四大沉积体系,即英台沉积体系、齐齐哈尔沉积体系、北部沉积体系以及外部沉积体系,主要目的层为萨尔图、高台子油层。这些沉积体系以滨浅湖相、三角洲相为主。不同沉积体系所控制的砂岩变化是有规律性的:近物源处,砂体总厚度不大,层数少,分选性差,但单层厚度大;中部砂岩累积厚度大,层数多,单层厚度稍小,岩性成熟度好于近物源区;沉积中心部位,砂组累积厚度和单层厚度均变小,成带状插入泥岩中。该区砂体呈条带状和片状分布,侧向上储油砂岩镶嵌于生油岩中。横向、纵向连续性较好,其间又有不同厚度、数量的泥岩(生油岩)所夹持,构成了该系统内特殊的地质结构,为油气藏的形成提供了良好储集空间,同时受后期构造运动的改造,形成大小不等的北西向断层,为油气向上运移奠定了基础。此外,砂体前缘还可以为隐蔽油气藏的形成提供多种圈闭条件。综合上述资料再结合该区钻井和物性资料,本书认为该区是油气聚集的有利部位,也是长期油气运移聚集指向地区。

研究区位于盆地西缘,沉积体系为英台砂体,半环状展布的大型砂体发育,源近流短,岩性、物性变化较快,地表水活跃,具有油稠、水淡的特点。岩石类型以砂岩和粉砂岩为主,其次是细砾岩,储集层条件较好。

3.1.3 盖层条件

盆地演化控制盖层的形成,不同的演化阶段形成不同类型的盖层。盆地演化的沉陷阶段最有利于盖层的形成,青山口组一段和嫩江组一段、二段稳定分布的泥岩为主要的盖层,同时也是最有利的生油层。此外,在盆地的沉陷时期还形成多套局部盖层,如泉头组三段中部、登娄库组、嫩江组部分组段。该盖层按形态分为3类:厚层状盖层,如嫩江组一段、二段、青山口组和泉头组一段、二段;薄层状盖层,发育有泉头组一段、二段、青山口组二段和明水组一段、三段;不等厚互层盖层,指盖层与储层厚度不等,该类型研究区较为发育。其中嫩江组一段和青山口组泥岩无论从宏观上,还是从微观特征看,都具有良好封盖性,即具有厚度大、分布广、延续稳定,可塑性强,孔径小,排驱压力高,封闭性能好的特点,是十分理想的盖层。

3.1.4 油气生成、运移、聚集及其相互配置关系

松辽盆地多数油气藏主要分布在地表以下1500~1800m之间,1800m以下只有少量油藏。根据盆地沉积中心转移、生储盖组合、油气圈闭类型等因素及勘探成果,将盆地南部划分3个含油气区,10个油气聚集带(图3-1)。其中研究区位于西部斜坡中部组合地层超覆带及稠油资源带西部。

盆地南部大安—乾安一带是嫩江组沉积时期的沉积中心,嫩江组生油层最发育。其以西的红岗—大安阶地的局部构造在明水期末—第三纪(古近纪+新近纪)前定型。同时,随着沉积中心的西移,在西部斜坡区还发育地层超覆带。因此,西部斜坡区主要勘探目的层为中、上部组合(青山口组二段、三段和嫩江组一段,嫩江组三—五段)。

1)构造运动与油气聚集的关系

松辽盆地基底的基本构造形式是隆起与凹陷,其盖层构造变动的基本方式是褶皱和断块升降。

盆地从嫩江期末开始抬升,进入萎缩阶段。嫩江末期和明水末期的燕山运动第Ⅳ、第Ⅴ幕和新近纪末的喜马拉雅运动使盆地盖层的中浅部(相当于中、下部组合)发生褶皱,局部构造先后定型。此时,位

3 油气地质与成藏条件

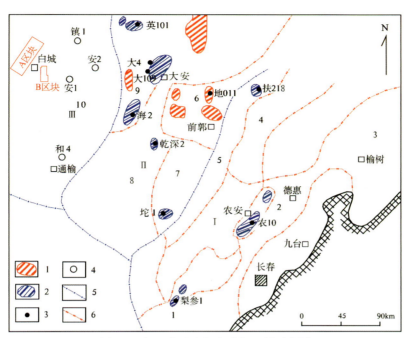

图 3-1 松辽盆地南部含油气区划示意图

图例：1.油田；2.获工业油气流地区；3.获工业油气流探井；4.完钻探井；5.含油气区分界线；6.含油气聚集带分界线。图中：Ⅰ.深部组合含油气区：1.茅山深部组合油气聚集带，2.农安-万金塔深部组合油气聚集带，3.榆树远景深部组合油气聚集带，4.大三井子-小城子下部组合油气聚集带，5.长春岭-杨大城子下部组合油气聚集带；Ⅱ.中、下部组合含油气区：6.扶余-新立下部组合油气聚集带，7.华字井中、下部组合油气聚集带，8.乾安-情字井中部组合油气聚集带；Ⅲ.中、上部组合含油气区：9.红岗-大安中、上部组合油气聚集带，10.西部斜坡中部组合地层超覆稠油资源带

于沉积中心长岭、古龙、三肇凹陷的青山口组一段和嫩江组一段全部或部分生油层也先后达到生油门限深度，油气开始运移，这 3 次构造运动是 3 次油气聚集的主要时期。

盆地南部油田的油藏类型主要是构造油藏，如红岗油田、英台油田、扶余油田等。其次是与构造因素有关的复合型油藏，如新立油田。它们分布在古龙、大安、三肇生油凹陷的四周，油气运移以生油凹陷为中心呈放射状向四周的阶地、斜坡、隆起区侧向运移。

2）油气运移、聚集

地层经褶皱运动，油气便会向构造顶部聚集。一般来讲，褶皱的形成期略早于生油期或二者同时进行，有利于聚集。若褶皱远远晚于生油期，液态烃可能遭受裂解，或在地层中逸散，不利于聚集。

油气运移、聚集的时间至少可分为 4 期。

前嫩江期：该期是扶余油层油气聚集期。凹陷中青山口生油层底部已进入生油门限深度，从油气生成到构造形成都已具备油气运移的条件。前嫩江期油气聚集的控制因素是古构造而不是构造运动。扶余油藏形成时间主要在嫩江期以前。

嫩江末期：依据盆地南部局部构造的统计，在嫩江期末形成的局部构造占 68%，是盆地中部组合（青山口组二段、三段和嫩江组一段）主要的油气聚集期。

明水末期：白垩纪末的这次构造运动是继嫩江期后又一次重要的运动，约有 30% 的局部构造形成于该期。中部组合（青山口组二段、三段和嫩江组一段）的油气继续聚集，上部组合（下白垩统嫩江组三—五段）的油气层开始聚集。

新近纪末期：是盆地西部中、上部组合油气藏继续形成的时期。英台构造，高台子、萨尔图油藏是新近纪末形成的，中部组合的储量仍然可观。

综上所述，嫩江组和青山口组的生油量大，油气聚集是长期的，在以后各期形成的构造，都形成了与中部组合有关的油藏。中部组合的油气聚集期是长期的，由嫩江期末至新近纪末，构造运动是主要控制因素；上部组合的油气聚集期是明水期末期，构造运动是主要控制因素。从盆地的演化阶段看，盆地的萎缩期是中、上部组合的油气聚集期。

3）油气的运移

油气运移分为初次运移和二次运移。初次运移指油气自生油层向储集层的运移，二次运移指油气进入储集层后，聚集成油气藏的运移。这是前后相接的两个不同阶段。

初次运移：青山口组下部欠压实泥岩的形成及黏土矿物的脱水过程与该组油气大量生成的巧妙配合，创造了油气初次运移的有利条件。

二次运移：松辽盆地属无泄水区的封闭性盆地。储集层原始埋源的差异和后期构造变动的升降所产生的静压差是油气运移的主要动力。地层不整合接触面、断层、裂隙、褶皱等，具有良好的油气运移通道。

总之，嫩江组一段生成油气之后，初次运移是向下进入萨尔图油层的运移，二次运移则是由古龙及长岭生油凹陷向东西两侧的运移，即向东至乾安—新立、向西至组岗及西部斜坡运移。明水末期的燕山运动使松南西部地区的构造最后定型，因此其油气生成、运移和聚集同步进行，是一种理想的配置关系。

中、下部组合含油气区生成的油气沿姚家组底面的区域不整合面和中部组合砂体斜坡向西部高部位运移，在西部斜坡区遇到构造圈闭或地层岩性圈闭后聚集，在充填满低幅度的构造圈闭后，进一步运移，遇到断层遮挡后，通过断层向其上、下地层运移，在圈闭条件适合处聚集成藏。

3.1.5 油气保存条件

松辽盆地沉积相研究表明，青山口组、姚家组、嫩江组广泛发育了不同类型、级别、规模的沉积环境下所形成的砂岩体，它们是较好的油气储集层。垂向上，由于不同时期各沉积体系向沉积中心延伸，距离有长有短，使得生油岩与储集层交互成层，构成了多套生、储、盖组合；侧向上，储油砂岩镶嵌于生油泥岩之中，有利于油气的运移、聚集和保存。这种沉积特征与区域生油、构造运动、油气运移路径及时间等地质因素相配合，是寻找构造油气藏或断层-岩性复合油气藏和岩性上倾尖灭或地层超覆等地层岩性油气藏的有利地区。研究区不但油气资源丰富，而且具备了良好的生、储、盖、运移的地质条件，是寻找油气的有利地区，找油气藏潜力大。

3.2 油气富集规律

3.2.1 油气聚集与分布

研究区位于西部斜坡带内，斜坡带控制油气的区域分布，是油气聚集的有利地带。

(1) 该区为一长期发育的单斜，其东为区域上齐家古龙生油凹陷，因此该带是油气长期运移的指向区。油气可以通过区域性不整合面长距离地向西运移，通过区内断层向其上、下地层运移，在圈闭条件适合处聚集成藏。

(2) 构造圈闭和岩性圈闭主要集中于斜坡带上，并且构造圈闭和岩性圈闭主要发育形成期与油气生成期、运移期配置关系较好，有利于油气聚集成藏。

(3) 该区断裂不太发育，但分布集中，断距不大，延伸长度也较小。这些断层不但沟通了烃源岩与储集层，而且在后期重力作用下也起到了封闭作用。

(4) 由于多期构造运动的影响，在斜坡区形成了多个规模不一的不整合面，其中区域不整合面为油气大规模的侧向运移提供了重要的通道作用,同时也沿断裂向上、下储集层运移。

(5)在四大沉积体系控制下,发育了扇三角洲、三角洲、滨湖、浅湖相的碎屑岩沉积,砂体纵横叠置,厚度大,分布广,具有良好的储集性能。同时,在斜坡带发育了多套地层超覆、尖灭,有利于形成非构造圈闭。

3.2.2 断裂、不整合面与油气富集的关系

1)断裂与油气富集

松辽盆地南部发现的油气藏与断裂关系密切。

(1)断裂活动可以形成多种类型圈闭,如断裂牵引背斜圈闭、断裂遮挡圈闭及断块圈闭等,而且上述的圈闭往往沿断裂带成群分布,因而为油气富集创造了十分有利的条件。

(2)断裂是油气运移的良好通道。断裂的通道作用不仅在断裂活动时期表现明显,而且在断裂活动相对静止时期,只要与断裂伴生的裂隙未完全充填,就可以起到通道作用。

(3)与断裂伴生的裂隙改善了储层的储集性能。断裂活动往往使其两盘地层形成一定规模的裂缝系统。在区域单斜带的背景上,断裂控制了油气的富集。

2)不整合面与油气富集

松辽盆地经历了多期构造运动,其中最主要的是早白垩世末期的燕山运动,导致了区域不整合面的形成,区内目前发现的油气藏多分布于这一区域不整合面的上、下层位,这充分表明不整合面与油气富集密切相关。

(1)不整合面是油气侧向运移的重要通道。

(2)不整合面控制了某些类型圈闭,如不整合面之上披覆背斜和古斜坡上倾方向的地层尖灭、剥蚀尖灭等圈闭。

(3)不整合面改善了储层的储集性能。

不整合面上、下有利于发育各种良好的不同类型的圈闭,并能改善储集层的储集性能,为油气富集提供了空间和场所。同时,不整合面又是油气侧向运移的良好通道,油气在运移过程中,就近富集在不整合面附近的圈闭中。

综上所述,松辽盆地油气富集的地质因素可归纳为以下6个方面:①盆地发育的阶段性和继承性为生油母质的沉积、保存和转化提供了有利条件;②深大断裂的长期活动为幔源上涌或地幔流体的参与加速了有机质演化和油气的生成;③燕山运动第Ⅳ、第Ⅴ幕及喜马拉雅运动形成的各种局部构造或多种圈闭,成为油气聚集的有利场所;④油气侧向短距离运移的特点,使油气主要富集在生油凹陷及其周边的圈闭中,在垂向上按侧生、底生、顶生多种供油方式在油层中及其上、下储层中优先富集;⑤河湖过渡相带(三角洲分流平原、三角洲前缘及滨前湖区等)砂体发育类型较多,物性相对好,是油气富集的有利地带,由于该带靠近生油的深湖区,具有"近水楼台先得月"的优势,形成了复式似环状展布的大型砂体含油气带;⑥生油、岩相及构造的良好配置是形成油气藏的必要条件,二级构造隆起带中的大、中型圈闭是寻找油气藏的靶区。

由于盆地具有兴急衰缓的发育特点及多旋回沉积的特征,从而形成了纵向分布上具有复式阶梯状或楼阁式多套储集层;受盆地高地热场控制,油气演化及成岩作用在纵向分布上具有浅部产油、深部产气(过成熟气或煤型气)的特点。松辽盆地油田水的形成与赋存,以及水动力与水化学场的演变,严格受沉积凹陷的控制,具有油气富集的优越水文地质条件与环境。水动力平衡带"锋面"和水化学成分过渡区的稳定带,是油气储集和保存的良好标志。

4 地球化学特征及有效指标研究

4.1 地球化学场特征

松辽盆地在我国主要含油气盆地中属低背景、高度非均匀地球化学场,但松辽盆地西缘白城地区依据中国主要含油气盆地区域地球化学场参数(表4-1),可以确定该地区属低背景、非均匀场(表4-2)。

表 4-1 中国主要含油气盆地区域地球化学场划分准则

类型指标		C_1(μL/kg)	C_{2+}(μL/kg)	ΔC(%)
丰度	高背景场	>300	>20	>2
	中背景场	90～300	6～20	1～2
	低背景场	<90	<6	<1
变异性	高度非均匀场	>2	>2	>2
	非均匀场	1～2	1～2	1～2
	均匀场	<1	<1	<1

表 4-2 松辽盆地西缘白城地区主要指标地球化学参数统计表

类型指标	C_1(μL/kg)	C_{2+}(μL/kg)	ΔC(%)
背景值	45.02	9.22	0.84
标准离差	60.51	14.1	1.21
变异系数	1.34	1.53	1.44

以下对松辽盆地西缘白城地区地球化学场的参数特征、丰度场特征、变异性特征等进行研究和解剖。

4.1.1 地球化学背景特征

区域地球化学背景场系指具有一定地球化学效应的区域或空间,是由多种组分组成的物质场,用指标的背景值表示。

依据指标空间分布的区带性及高、中、低数量上的相对平衡,结合背景值减和加0.5倍标准离差为划分低、中、高区域背景场的标准。确定松辽盆地西缘白城地区主要烃类指标的背景场划分原则(表4-3)。确定各化探指标变异系数大于2.0为高度非均匀场,1.0～2.0之间为非均匀场,小于1.0为均匀场(表4-3)。这种划分是一个相对的、定性的概念。

表 4-3 松辽盆地西缘白城地区主要指标地球化学场划分原则

指标类型		C_1 (μL/kg)	C_2H_4 (μL/kg)	C_3H_6 (μL/kg)	C_{2+} (μL/kg)	ΔC (%)
丰度	高背景场	>60	>0.5	>0.8	>10	>2
	中背景场	20~60	0.15~0.5	0.2~0.8	2~10	1~2
	低背景场	<20	<0.15	<0.2	<2	<1
变异性	高度非均匀场	>2	>2	>2	>2	>2
	非均匀场	1~2	1~2	1~2	1~2	1~2
	均匀场	<1	<1	<1	<1	<1

4.1.1.1 A 区块地球化学背景特征

对松辽盆地西缘白城地区 A 区块进行地球化学参数研究(表 4-4)。

表 4-4 A 区块地球化学参数统计表

指标	极值(Min~Max)	背景值($\overline{X}$)	标准离差(S)	变异系数(CV)
C_1	0.41~5 033.20	35.74	46.23	1.29
C_2H_4	0.01~20.68	0.23	0.29	1.26
C_3H_6	0.01~22.10	0.36	0.55	1.53
C_{2+}	0.03~970.17	6.68	9.88	1.48
ΔC	0.01~5.63	1.22	1.31	1.07
F360	0.05~469.00	31.87	29.00	0.91
F320	0.001~0.98	0.08	0.05	0.63
U209	609~12 108.50	2 166.92	789.89	0.36
U220	1.50~4 292.75	350.46	266.87	0.76
U275	2.14~4 320.00	273.54	227.98	0.83
U296	15.00~23 775.00	1 741.63	1 445.20	0.83
Pb	6.48~46.77	17.88	3.32	0.19
Zn	12.10~97.54	43.47	12.37	0.28
Ba	53.01~1 034.00	486.81	144.83	0.30
Sr	73.2~1 499.41	318.02	139.95	0.44
Co	0.85~32.36	8.35	2.72	0.33
Ni	3.34~63.90	20.40	7.20	0.35
Cd	0.01~0.84	0.10	0.03	0.30
Se	0.02~0.77	0.10	0.04	0.40

注:C_{2+} 为 C_2 及 C_2 以上烷烃含量值的总和,单位为酸解烃:μL/kg;微量元素类单位:$\times 10^{-6}$;其余紫外类、荧光类单位:$\times 10^{-9}$m;ΔC 单位:%;下同。

表中常用极值(Min~Max)表示数值变化幅度;背景值($\overline{X}$)表示数据的平均水平,是表征地球化学的重要参数;方差(S)是数据离散度的表征;变异系数(CV)是地球化学场稳定程度的表征,变异系数表征数据的变化性,它消除了不同景观区间平均值水平的不同,便于横向对比,也是表征地球化学场的重要参数。

由表4-4可见，C_1极值差（0.41～5 033.20 μL/kg）大，背景值为35.74 μL/kg，属中背景场，标准离差为46.23，数据离散程度大，变异系数为1.29，属非均匀场。

C_{2+}极值差（0.04～970.17 μL/kg）大，背景值为6.68 μL/kg，属中背景场，标准离差为9.88，数据离散程度较大，变异系数为1.48，属非均匀场。

ΔC极值差（0.01%～5.63%）较小，背景值为1.22，属中背景场，标准离差为1.31，数据离散程度小，变异系数为1.07，属非均匀场。

C_2H_4极值差（0.01～20.68 μL/kg）较大，背景值为0.23，属中背景场，标准离差为0.29，数据离散程度小，变异系数为1.26，属非均匀场。

C_3H_6极值差（0.01～22.10 μL/kg）较大，背景值为0.36，属中背景场，标准离差为0.55，数据离散程度小，变异系数为1.53，属非均匀场。

荧光、紫外类指标数值变化幅度不同，除F320外其余指标离散程度大，各指标变异系数均小于1，属均匀场。

微量元素类指标数值变化幅度不同，除Ba、Sr外其余指标离散程度较小，各指标变异系数数均小于1，属均匀场。

综合A区块C_1、C_{2+}、ΔC、C_2H_4、C_3H_6指标地球化学场参数特征，认为该区属中背景、非均匀地球化学场。

A区块地貌景观为丘陵草原区、冲洪积平原区、湖沼沉积区和风积黄土区。通过对不同景观区进行地球化学参数研究（表4-5），分析总结各景观区内各指标地球化学特征。

表4-5　A区块景观区地球化学参数统计表

地貌景观区	指标	极值（Min～Max）	背景值（$\overline{X}$）	标准离差（S）	变异系数（CV）
冲洪积平原区	C_1	1.32～5 033.20	36.32	49.73	1.37
	C_2H_4	0.01～8.57	0.20	0.23	1.15
	C_3H_6	0.01～7.77	0.34	0.46	1.35
	C_{2+}	0.04～970.17	7.93	12.46	1.57
	ΔC	0.01～4.53	1.18	0.68	0.58
	F360	0.06～469.00	32.28	34.06	1.06
	F320	0.02～8 859.75	106.22	162.17	1.53
	U209	726.00～12 108.50	2 249.10	821.26	0.37
	U220	3.00～4 292.75	377.95	293.10	0.78
	U275	2.14～2 224.29	286.47	235.17	0.82
	U296	15.00～13 665.00	1 821.54	1 467.90	0.81
	Ba	211.47～750.00	535.26	85.73	0.16
	Sr	114.00～1 056.39	297.77	111.98	0.38
	Pb	8.58～33.30	18.35	3.39	0.18
	Zn	21.04～96.68	46.10	12.99	0.28
	Cd	0.02～0.84	0.10	0.03	0.30
	Mo	0.17～6.44	0.62	0.29	0.47
	Ni	5.33～63.90	18.75	6.19	0.33
	Se	0.02～0.65	0.09	0.04	0.44

续表 4-5

地貌景观区	指标	极值(Min~Max)	背景值($\bar{X}$)	标准离差(S)	变异系数(CV)
湖沼沉积区	C_1	0.41~1 111.00	47.66	65.85	1.38
	C_2H_4	0.01~5.51	0.27	0.30	1.11
	C_3H_6	0.01~21.25	0.47	0.62	1.32
	C_{2+}	0.03~294.54	9.90	15.29	1.54
	ΔC	0.10~5.63	1.55	1.04	0.67
	F360	0.05~281.39	33.22	26.11	0.79
	F320	0.001~4 605.50	142.59	190.27	1.33
	U209	609.00~8 939.50	2 194.14	790.89	0.36
	U220	10.50~2 961.25	346.81	264.15	0.76
	U275	4.29~4 320.00	273.49	235.32	0.86
	U296	15.00~23 775.00	1 710.53	1 490.33	0.87
	Ba	53.01~852.00	486.87	162.93	0.33
	Sr	162.93~1 499.41	305.89	133.54	0.44
	Pb	9.07~43.86	18.33	3.16	0.17
	Zn	20.83~97.54	44.60	11.53	0.26
	Cd	0.01~0.35	0.10	0.02	0.20
	Mo	0.12~11.82	0.60	0.24	0.40
	Ni	5.23~63.60	21.30	7.43	0.35
	Se	0.02~0.77	0.11	0.04	0.36
丘陵草原区	C_1	2.18~1 508.34	64.81	83.76	1.29
	C_2H_4	0.01~20.68	0.41	0.47	1.15
	C_3H_6	0.01~22.10	0.62	0.75	1.21
	C_{2+}	0.04~356.88	15.19	22.03	1.45
	ΔC	0.04~5.40	2.10	0.90	0.43
	F360	0.14~184.45	33.69	24.75	0.73
	F320	0.03~1 652.75	81.39	130.12	1.60
	U209	663.00~5 323.00	1 906.71	659.65	0.35
	U220	1.50~1 641.5	303.41	216.69	0.71
	U275	4.29~2 154.00	809.61	187.70	0.23
	U296	15.00~9 720.00	1 651.33	1 252.29	0.76
	Ba	56.52~1 034.00	396.40	156.97	0.40
	Sr	73.20~1 222.00	383.64	160.71	0.42
	Pb	6.48~46.77	16.66	2.95	0.18
	Zn	12.1~84.58	37.38	8.50	0.23
	Cd	0.02~0.23	0.09	0.03	0.33
	Mo	0.09~4.93	0.50	0.22	0.44
	Ni	3.34~57.98	22.60	7.16	0.32
	Se	0.03~0.60	0.11	0.04	0.36

续表 4-5

地貌景观区	指标	极值(Min~Max)	背景值($\bar{X}$)	标准离差(S)	变异系数(CV)
风积黄土区	C_1	2.75~217.06	17.59	13.05	0.74
	C_2H_4	0.03~3.71	0.14	0.11	0.79
	C_3H_6	0.02~1.07	0.20	0.23	1.15
	C_{2+}	0.29~58.04	4.10	4.95	1.21
	ΔC	0.25~2.97	0.88	0.47	0.53
	F360	0.21~191.36	14.79	12.13	0.82
	F320	0.02~0.51	0.10	0.06	0.60
	U209	721.00~2 436.00	622.23	332.45	0.53
	U220	4.50~1 543.36	286.01	199.34	0.70
	U275	5.06~1 988.14	642.94	374.25	0.58
	U296	17.38~10 024.29	1 828.92	1 173.57	0.64
	Ba	110.35~616.60	459.35	92.08	0.20
	Sr	147.16~1 199.93	291.24	132.03	0.45
	Pb	10.39~22.34	14.17	2.31	0.16
	Zn	16.36~79.00	31.55	11.32	0.36
	Cd	0.02~0.23	0.07	0.03	0.43
	Mo	0.27~0.96	0.44	0.12	0.27
	Ni	3.94~32.75	14.30	6.16	0.43
	Se	0.02~0.11	0.06	0.02	0.33

注:C_{2+}为C_2及C_2以上烷烃含量值的总和,单位为酸解烃:$\mu L/kg$;微量元素类单位:$\times 10^{-6}$;其余紫外类、荧光类单位:$\times 10^{-9}$m;ΔC单位:%;下同。

由表 4-5 可见,A 区块油气化探指标含量在空间分布上变化较大,存在着明显的不均衡现象。总的变化规律是:区内 C_1 极值差在冲洪积平原区(1.32~5 033.20$\mu L/kg$)最大,在风积黄土区(2.75~217.06$\mu L/kg$)最小,在湖沼沉积区和丘陵草原区相当;背景值从丘陵草原区—湖沼沉积区—冲洪积平原区—风积黄土区依次降低,除风积黄土区背景值为 17.59$\mu L/kg$,属低背景场外,其余各景观区背景值均在 20~60$\mu L/kg$ 之间,属中背景场;风积黄土区标准离差(13.05)较小,表征离散程度小,其余各景观区标准离差大,表征离散程度大;风积黄土区变异系数为 0.74,属均匀场,其余景观区变异系数在 1~2 之间,属非均匀场。

C_{2+} 极值差在冲洪积平原区(0.04~970.17$\mu L/kg$)最大,在风积黄土区(0.29~58.04$\mu L/kg$)最小,在湖沼沉积区和丘陵草原区相当;背景值从丘陵草原区—湖沼沉积区—冲洪积平原区—风积黄土区依次降低,除丘陵草原区背景值为 15.19$\mu L/kg$,属高背景场外,其余景观区背景值均在 2~10 之间,属中背景场;风积黄土区标准离差(4.95)小,表征离散程度小,其余各景观区标准离差较大,表征离散程度较大;各景观区变异系数均在 1~2 之间,属非均匀场。

ΔC 极值差在湖沼沉积区(0.10%~5.63%)最大,在风积黄土区(0.25%~2.97%)最小,在冲洪积平原区和丘陵草原区相当;背景值从丘陵草原区—湖沼沉积区—冲洪积平原区—风积黄土区依次降低,其中丘陵草原区背景值为 2.10%,属高背景场,风积黄土区背景值为 0.88%,属低背景场,湖沼沉积区和冲洪积平原区背景值在 1~2 之间,属中背景场;各景观区标准离差小、表征离散程度小,其余景观区标准离差较大,表征离散程度较大;各景区变异系数均小于 1、属均匀场。

C_2H_4 极值差在丘陵草原区(0.01~20.68$\mu L/kg$)最大,在风积黄土区(0.03~3.71$\mu L/kg$)最小,在

湖沼沉积区和冲洪积平原区相当；背景值从丘陵草原区—湖沼沉积区—冲洪积平原区—风积黄土区依次降低，除风积黄土区背景值为 0.14μL/kg，属低背景场外，其余各景观区背景值均在 0.15～0.50μL/kg 之间，属中背景场；各景观区标准离差较小，表征离散程度较小；除风积黄土区变异系数为 0.79，属均匀场外，其余各景观区变异系数均在 1～2 之间，属非均匀场。

C_3H_6 极值差在丘陵草原区（0.01～22.10μL/kg）和湖沼沉积区（0.01～21.25μL/kg）大，在风积黄土区（0.02～1.07μL/kg）最小，冲洪积平原区极值差为 0.01～7.77μL/kg；背景值从丘陵草原区—湖沼沉积区—冲洪积平原区—风积黄土区依次降低，背景值均在 0.2～0.80μL/kg 之间，属中背景场；各景观区标准离差较小，表征离散程度较小；各景观区变异系数在 1～2 之间，属非均匀场。

F360 指标除风积黄土区背景值为 $14.7×10^{-9}$m 外，其余景观区背景值相当，除冲洪积平原区变异系数为 1.06，属非均匀场外，其余景观区变异系数均小于 1.0，属均匀场；F320 指标背景值从湖沼沉积区—冲洪积平原—丘陵草原区—风积黄土区依次降低，除风积黄土区变异系数为 0.60，属均匀场外，其余景观区变异系数在 1～2 之间，属非均匀场。

紫外指标除 U275 背景值从丘陵草原区—风积黄土区—冲洪积平原区—湖沼沉积区依次降低外，U209、U220、U296 背景值均从冲洪积平原区—湖沼沉积区—丘陵草原区—风积黄土区依次降低；变异系数均小于 1.0，属均匀场。

微量元素各指标背景值在各景观区无规律，变异系数均小于 1.0，属均匀场。

综上所述，C_1、C_{2+}、ΔC、C_2H_4、C_3H_6 指标背景值从丘陵草原区—湖沼沉积区—冲洪积平原区—风积黄土区依次降低，除 C_{2+}、ΔC 在丘陵草原区属高背景场和 C_1、C_2H_4、ΔC 在风积黄土区属低背景场外，C_1、C_{2+}、ΔC、C_2H_4、C_3H_6 指标在各景观区均属中背景场；除 C_1、C_2H_4 在风积黄土区和 ΔC 在各景观区均属均匀场外，其余 C_1、C_{2+}、C_2H_4、C_3H_6 指标在各景观区均属非均匀场。除 F320 在丘陵草原区、湖沼沉积区和冲洪积平原区属均匀场外，F320、F360、U209、U220、U275、U296 和微量元素在各景观区均属均匀场。

综合各景观区 C_1、C_{2+}、ΔC、C_2H_4、C_3H_6 指标地球化学场参数特征，认为丘陵草原区、湖沼沉积区和冲洪积草原区属中背景、非均匀地球化学场，风积黄土区属低背景、均匀地球化学场。

4.1.1.2 B 区块地球化学背景特征

对松辽盆地西缘白城地区 B 区块进行地球化学参数研究（表 4-6）。

表 4-6 B 区块地球化学参数统计表

指标	极值（Min～Max）	背景值（$\overline{X}$）	标准离差（S）	变异系数（CV）
C_1	0.05～343.12	34.04	31.29	0.92
C_2H_4	0.01～5.46	0.18	0.55	3.06
C_3H_6	0.03～5.36	0.32	0.51	1.59
C_{2+}	0.40～98.16	4.33	8.67	2.00
ΔC	0.17～5.29	1.75	0.84	0.48
F360	0.04～352.92	34.33	45.85	1.34
F320	0.001～2.25	0.27	0.41	1.52
U209	12.00～12 794.00	1 175.38	697.41	0.59
U220	3.00～4 878.00	392.73	291.25	0.74
U260	22.00～6 465.33	555.30	480.50	0.87

续表 4-6

指标	极值(Min~Max)	背景值($\overline{X}$)	标准离差(S)	变异系数(CV)
U275	11.43~2 731.43	234.42	224.60	0.96
U296	20.00~19 010.00	1 369.00	1 313.38	0.96
Ba	316.48~608.86	487.70	39.18	0.08
Sr	130.53~676.73	299.85	103.53	0.35
Pb	7.51~23.62	15.02	2.68	0.18
Zn	15.15~86.16	33.73	10.76	0.32
Cd	0.05~0.17	0.09	0.02	0.22
Mo	0.20~1.27	0.47	0.16	0.34
Ni	2.68~44.73	17.41	7.25	0.42
Se	0.01~0.25	0.06	0.03	0.50

由表 4-6 可见，C_1 极值差(0.05~343.12 μL/kg)较大，背景值为 34.04 μL/kg，属中背景场，标准离差为 31.29，数据离散程度大，变异系数为 0.92，属均匀场。

C_{2+} 极值差(0.40~98.16 μL/kg)较大，背景值为 4.33 μL/kg，属中背景场，标准离差为 8.67，数据离散程度较大，变异系数为 2.00，属非均匀场。

ΔC 极值差(0.17%~5.29%)较小，背景值为 1.75%，属中背景场，标准离差为 0.84，数据离散程度小，变异系数为 0.48，属均匀场。

C_2H_4 极值差(0.01~5.46 μL/kg)较小，背景值为 0.18 μL/kg，属中背景场，标准离差为 0.55，数据离散程度小，变异系数为 3.06，属高度非均匀场。

C_3H_6 极值差(0.03~5.36 μL/kg)较小，背景值为 0.32 μL/kg，属中背景场，标准离差为 0.51，数据离散程度小，变异系数为 1.59，属非均匀场。

荧光、紫外类指标数值变化幅度不同，除 F320 外其余指标离散程度均大，F360、F320 变异系数 1~2 之间，属非均匀场，U209、U220、U260、U275、U296 变异系数均小于 1，属均匀场。

微量元素类指标数值变化幅度不同，除 Ba、Sr 外其余指标离散程度均较小，各指标变异系数均小于 1，属均匀场。

综合 B 区块 C_1、C_{2+}、ΔC、C_2H_4、C_3H_6 指标地球化学场参数特征，认为该区属中背景、非均匀地球化学场。

B 区块地貌景观为冲洪积平原区、湖沼沉积区和风积黄土区。通过对不同景观区进行地球化学参数研究(表 4-7)，分析总结各景观区内各指标地球化学特征。

表 4-7 B 区块景观区地球化学参数统计表

地貌景观区	指标	极值(Min~Max)	背景值($\overline{X}$)	标准离差(S)	变异系数(CV)
冲洪积平原	C_1	7.07~147.04	38.09	23.36	0.61
	C_2H_4	0.01~5.13	0.11	0.08	0.73
	C_3H_6	0.04~5.36	0.14	0.15	1.07
	C_{2+}	0.40~35.9	6.53	6.80	1.04
	ΔC	0.34~5.29	2.03	0.82	0.40
	F360	0.16~297.02	31.40	26.10	0.83

续表 4-7

地貌景观区	指标	极值(Min~Max)	背景值($\bar{X}$)	标准离差(S)	变异系数(CV)
冲洪积平原	F320	0.01~2.25	0.28	0.21	0.75
	U209	224.00~4 682.00	1 329.20	607.00	0.46
	U220	10.00~2 266.00	475.48	265.18	0.56
	U260	45.33~6 265.33	766.04	498.95	0.65
	U275	31.43~3 344.29	305.58	181.41	0.59
	U296	180.00~17 330.00	1 883.35	1 168.52	0.62
	Ba	316.48~596.7	479.06	42.55	0.09
	Sr	146.18~676.73	326.74	97.40	0.30
	Pb	9.40~23.23	15.29	2.11	0.14
	Zn	18.93~76.14	34.80	7.72	0.22
	Cd	0.05~0.15	0.09	0.02	0.22
	Mo	0.20~1.27	0.49	0.14	0.29
	Ni	4.76~44.59	17.95	5.69	0.32
	Se	0.01~0.18	0.06	0.02	0.33
湖沼沉积区	C_1	5.84~343.12	41.01	23.57	0.57
	C_2H_4	0.01~5.46	0.11	0.08	0.73
	C_3H_6	0.04~2.68	0.13	0.12	0.92
	C_{2+}	0.40~98.16	6.36	6.21	0.98
	ΔC	0.17~4.75	1.69	0.78	0.46
	F360	0.36~352.92	37.93	32.25	0.85
	F320	0.01~2.15	0.29	0.21	0.72
	U209	178.00~4 442.00	1 270.32	540.02	0.43
	U220	3.00~1 928.00	440.90	233.98	0.53
	U260	85.33~4 642.00	698.51	472.18	0.68
	U275	7.14~2 490.00	280.51	178.08	0.63
	U296	100.00~15 180.00	1 690.18	1 089.09	0.64
	Ba	321.74~605.60	495.62	34.37	0.07
	Sr	130.53~654.64	309.44	95.11	0.31
	Pb	8.19~23.62	15.78	3.07	0.19
	Zn	15.15~86.16	36.98	12.11	0.33
	Cd	0.05~0.17	0.09	0.03	0.33
	Mo	0.23~1.26	0.46	0.13	0.28
	Ni	2.68~39.75	19.80	8.25	0.42
	Se	0.01~0.25	0.03	0.02	0.67

续表 4-7

地貌景观区	指标	极值(Min～Max)	背景值($\overline{X}$)	标准离差(S)	变异系数(CV)
风积黄土区	C_1	6.76～114.82	20.63	9.46	0.46
	C_2H_4	0.02～1.34	0.05	0.00	0.08
	C_3H_6	0.03～0.87	0.05	0.00	0.02
	C_{2+}	0.40～24.15	1.18	1.01	0.86
	ΔC	0.20～3.55	1.23	0.62	0.50
	F360	0.04～275.78	33.76	33.34	0.99
	F320	0.01～2.25	0.25	0.20	0.80
	U209	364.00～4 776.00	1 362.75	615.98	0.45
	U220	23.00～2 206.00	475.14	246.03	0.52
	U260	98.67～6 465.33	692.56	451.28	0.65
	U275	51.43～2 731.43	241.59	113.45	0.47
	U296	350.00～19 010.00	1 714.05	1 053.07	0.61
	Ba	393.48～608.86	494.95	30.67	0.06
	Sr	133.20～525.31	227.98	69.31	0.30
	Pb	7.51～20.94	13.39	2.20	0.16
	Zn	17.48～65.63	28.74	6.93	0.24
	Cd	0.05～0.14	0.08	0.02	0.25
	Mo	0.22～0.91	0.44	0.11	0.25
	Ni	3.71～44.73	12.86	5.24	0.41
	Se	0.01～0.15	0.07	0.02	0.29

由表 4-7 可见，B 区块油气化探指标含量在空间分布上变化较大，存在着明显的不均衡现象。总的变化规律是：区块内 C_1 极值差在湖沼沉积区(5.84～343.12μL/kg)最大，在冲洪积平原区和风积黄土区相当；背景值从湖沼沉积区—冲洪积平原区—风积黄土区依次降低，湖沼沉积区为 41.01μL/kg、冲洪积平原区为 38.09μL/kg、风积黄土区为 20.63μL/kg，均属中背景场；在风积黄土区标准离差(9.46)较小，表征离散程度小，其余各景观区标准离差大，表征离散程度大；各景观区变异系数均小于 1.0，属均匀场。

C_{2+} 极值差从湖沼沉积区(0.40～98.16μL/kg)—冲洪积平原区(0.40～35.90μL/kg)—风积黄土区(0.40～24.15μL/kg)依次降低；背景值从冲洪积平原区—湖沼沉积区—风积黄土区依次降低，除风积黄土区背景值为 1.18μL/kg，属低背景场外，其余景观区背景值均在 2.00～10.00μL/kg 之间，属中背景场；风积黄土区标准离差(1.01)小，表征离散程度小，其余景观区标准离差较大，表征离散程度较大；风积黄土区变异系数为 1.01，属均匀场，其余景观区变异系数均在 1～2 之间，属非均匀场。

ΔC 极值差从冲洪积平原区(0.34%～5.29%)—湖沼沉积区(0.17%～4.75%)—风积黄土区(0.20%～3.55%)依次降低；背景值从冲洪积平原区—湖沼沉积区—风积黄土区依次降低，除冲洪积平原区背景值为 2.03%，属高背景场外，湖沼沉积区和风积黄土区背景值在 1～2 之间，属中背景场；各景观区标准离差小，表征离散程度小；各景区变异系数均小于 1，属均匀场。

C_2H_4 极值差在湖沼沉积区(0.01～5.46μL/kg)—冲洪积平原区(0.01～5.13μL/kg)—风积黄土区(0.02～1.34μL/kg)依次降低；湖沼沉积区和冲洪积平原区背景值均为 0.11μL/kg，风积黄土区背景值为0.05μL/kg,均属低背景区;各景观区标准离差较小,表征离散程度较小;各景区变异系数均小于1,属均匀场。

C_3H_6极值差从冲洪积平原区(0.04~5.36μL/kg)——湖沼沉积区(0.04~2.68μL/kg)——风积黄土区(0.03~0.87μL/kg)依次降低;背景值从冲洪积平原区——湖沼沉积区——风积黄土区依次降低,均小于0.2,属低背景区;各景观区标准离差较小,表征离散程度较小;除冲洪积平原区变异系数为1.07,属非均匀场外,丘陵草原区和风积黄土区变异系数均小于1,属均匀场。

F360在各景观区背景值、标准离差相当,变异系数均小于1,属均匀场;F320在各景观区背景值、标准离差相当,变异系数均小于1,属均匀场。

U209、U220、U260、U275、U296各指标背景值在各景观区无规律,变异系数均小于1,属均匀场。

微量元素各指标背景值在各景观区无规律,变异系数均小于1.0,属均匀场。

综上所述,C_{2+}、ΔC、C_2H_4、C_3H_6指标背景值从冲洪积平原区——湖沼沉积区——风积黄土区依次降低,C_1指标背景值从湖沼沉积区——冲洪积平原区——风积黄土区依次降低;除C_{2+}在风积黄土区属低背景区、ΔC在冲洪积平原区属高背景区外,C_1、C_{2+}、ΔC在其余景观区属中背景区,C_2H_4、C_3H_6在各景观区属低背景区;除C_{2+}在冲洪积平原区和湖沼沉积区属非均匀场外,C_1、C_{2+}、ΔC、C_2H_4、C_3H_6、F320、F360、U209、U220、U260、U275、U296和微量元素各景观区均属均匀场。

综合各景观区C_1、C_{2+}、ΔC、C_2H_4、C_3H_6指标地球化学场参数特征,认为湖沼沉积区和冲洪积草原区属中背景、均匀地球化学场,风积黄土区属低背景、均匀地球化学场。

4.1.1.3 A区块与B区块地球化学背景对比

由表4-4~表4-7可见,A区块和B区块C_1、C_{2+}、ΔC地球化学背景场差异不大,但A区块C_1、C_{2+}地球背景场高于B区块,说明A区块C_1、C_{2+}烃类指标的含量值较高;A区块ΔC地球背景场低于B区块,可能是A区块油气藏中都存在CO_2向上渗漏与周边介质中的Ca^{2+}、Fe^{2+}、Fe^{3+}氧化作用低于B区块或者是B区块丰收镇断陷油气藏是过成熟油气藏,ΔC后期渗逸作用更强;A区块和B区块的荧光、紫外类和微量元素指标地球背景场差异不大,说明指标的物质来源相同。不同景观区内各指标地球化学场变化较大,可能与研究区地质体、断陷的分布和地表土壤类型关系密切。综合各指标地球化学特征认为,各指标地球化学场之间的差异反映了各指标在同一地质构造单元内既有一定的联系又是相对独立的。

4.1.2 丰度场特征

丰度系数是表征某研究区背景值与松辽盆地背景值之比,表征该研究区相对全区的富集或贫化程度。研究区丰度系数如表4-8所示。

表4-8 研究区丰度系数统计表

类型	松辽盆地	A区块		B区块	
	背景值	背景值	丰度系数	背景值	丰度系数
C_1(μL/kg)	11.28	35.74	3.17	34.04	3.02
C_{2+}(μL/kg)	3.59	6.68	1.86	4.33	1.21
ΔC(%)	0.61	1.22	2.00	1.75	2.87

由表4-8表明,与松辽盆地相对比,A区块和B区块C_1、C_{2+}、ΔC丰度系数较高,背景值均明显高于松辽盆地背景值,属油气富集有利区域,是寻找油气藏的有利区域。

4.1.3 地球化学场结构特征

在丰度场分析的基础上,分析地球化学场结构特征,对数正态分布形式,是油气化探指标最常见的一种分布形式,是反映地球化学背景场与后期烃类叠加的效应。

图4-1为A区块酸解烃、蚀变碳酸盐主要指标的分布直方图,各指标均服从或近似服从对数正态分布。

图4-2为B区块酸解烃、蚀变碳酸盐主要指标的分布直方图,各指标均服从或近似服从对数正态分布。

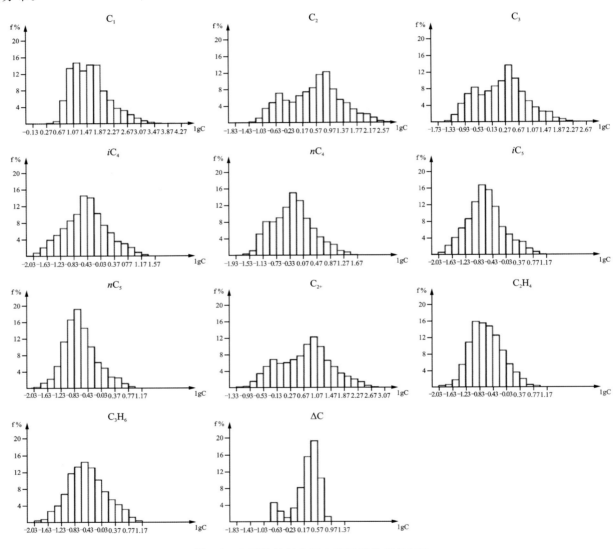

图4-1 A区块油气化探主要指标分布直方图

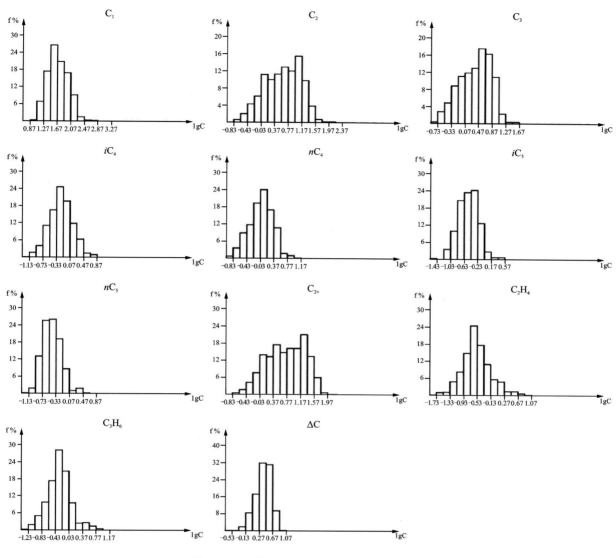

图 4-2 B区块油气化探主要指标分布直方图

4.2 化探有效指标研究

4.2.1 干扰因素

指标的有效性在很大程度上取决于地区适应性和干扰因素的排除。本节主要从地貌景观条件、样品粒度、采样深度和样品颜色等方面进行初步讨论。

为进一步分析干扰因素,对研究区的丘陵草原区、冲洪积平原区、湖沼沉积区和风积黄土区等地貌景观区的样品粒度、样品颜色和采样深度参数进行统计分析(图4-3～图4-23)。

4.2.1.1　A区块干扰因素

由图4-3～图4-5可见,丘陵草原区的样品粒度图上,亚砂土占绝对优势;样品颜色图上,主体为灰白色和浅黄色样品;采样深度图上,以1.1～1.3m为主要采样深度。

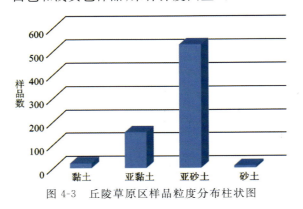
图4-3　丘陵草原区样品粒度分布柱状图

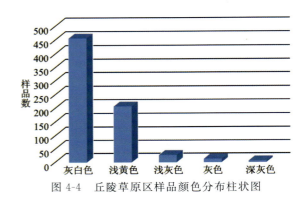
图4-4　丘陵草原区样品颜色分布柱状图

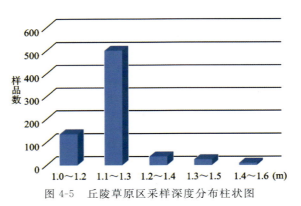
图4-5　丘陵草原区采样深度分布柱状图

由图4-6～图4-8可见,冲洪积平原区的样品粒度图上,主体为亚砂土和亚黏土;样品颜色图上,主体为灰黄色、棕黄色样品;采样深度图上,以1.5～1.7m为主要采样深度。

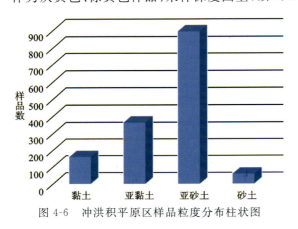
图4-6　冲洪积平原区样品粒度分布柱状图

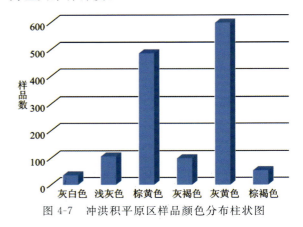
图4-7　冲洪积平原区样品颜色分布柱状图

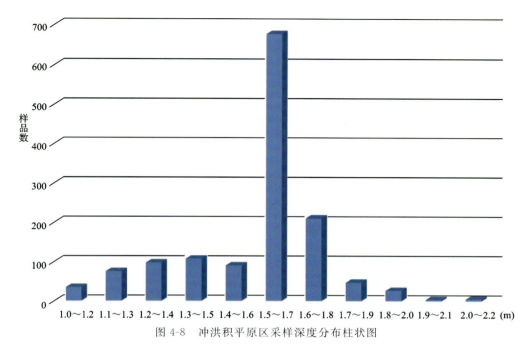

图 4-8 冲洪积平原区采样深度分布柱状图

由图 4-9～图 4-11 可见，湖沼沉积区的样品粒度图上，主体为亚黏土和亚砂土；样品颜色图上，主体为棕褐色、灰黄色样品；采样深度图上，以 1.3～1.5m 为主要采样深度。

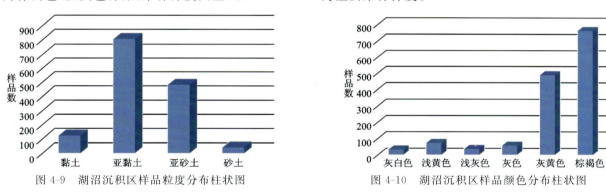

图 4-9　湖沼沉积区样品粒度分布柱状图　　　　图 4-10　湖沼沉积区样品颜色分布柱状图

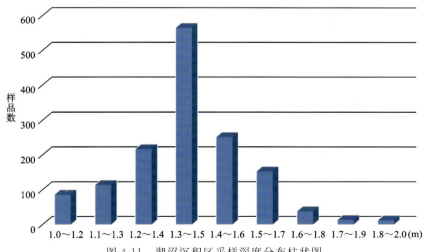

图 4-11　湖沼沉积区采样深度分布柱状图

由图 4-12～图 4-14 可见,风积黄土区的样品粒度图上,砂土占绝对优势;样品颜色图上,主体为浅黄色样品;采样深度图上,以 1.6～1.8m 为主要采样深度。

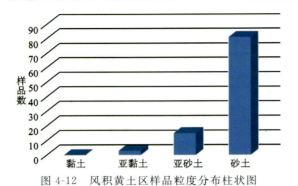

图 4-12　风积黄土区样品粒度分布柱状图

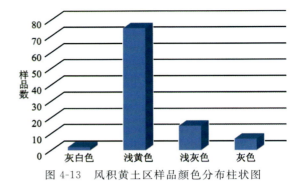

图 4-13　风积黄土区样品颜色分布柱状图

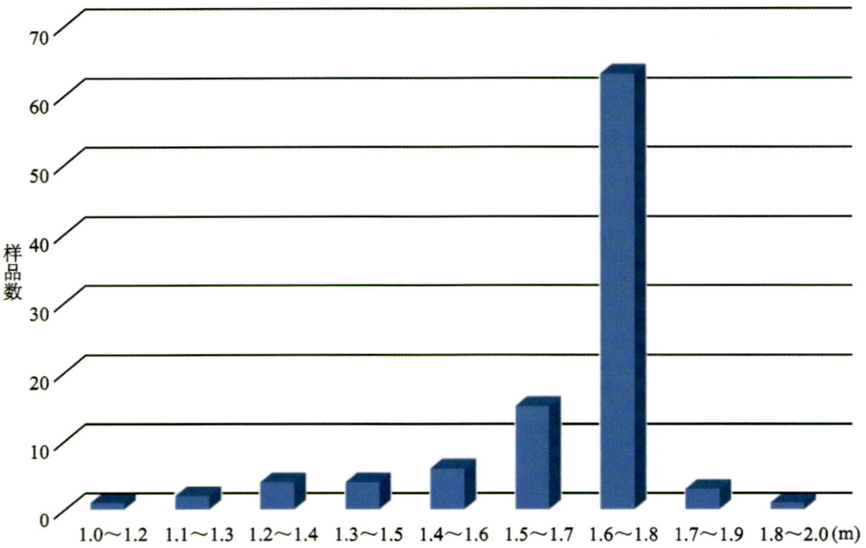

图 4-14　风积黄土区采样深度分布柱状图

由图 4-3～图 4-14 可见,不同地貌景观区样品粒度、样品颜色和采样深度各不相同,参数特征各具特色。地貌景观区控制了干扰因素的分布特征,再结合研究区内不同景观区 C_1、C_{2+}、ΔC 的地球化学参数存在差异,认为影响研究区干扰地球化学信息真实性的主要因素为地貌景观条件。因此,需要对地貌景观区内数据进行回归校正,可有效地排除和抑制干扰因素的影响,提高油气信息的可信度和准确度。

校正的具体方法为:用 $t_i = \dfrac{X_i - \overline{X}_j}{S_j}$ 求 t 值,然后用 t 值(标准化数据)成图。

式中,t_i 为 i 号地貌景观内点的标准化值;X_i 为 i 号地貌景观内点的观测值;$\overline{X}_j$ 为 i 号点所处 j 类地貌景观内各指标的背景平均值;S_j 为 j 类地貌景观内各指标的标准离差。

t 为不名数,其意义为采样点实测值剔除其地貌景观背景后偏离标准离差的倍数。

4.2.1.2　B 区块干扰因素

由图 4-15～图 4-17 可见,冲洪积平原区的样品粒度图上,亚砂土占绝对优势;样品颜色图上,主体为灰黄色、棕黄色样品;采样深度图上,以 1.5～1.7m 为主要采样深度。

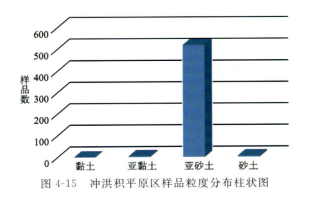
图 4-15 冲洪积平原区样品粒度分布柱状图

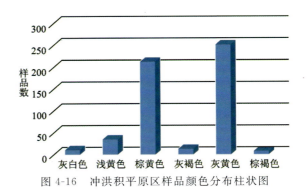
图 4-16 冲洪积平原区样品颜色分布柱状图

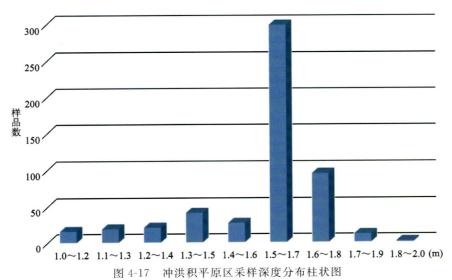
图 4-17 冲洪积平原区采样深度分布柱状图

由图 4-18～图 4-20 可见,湖沼沉积区的样品粒度图上,亚黏土占绝对优势;样品颜色图上,主体为棕褐色、灰黄色样品;采样深度图上,以 1.5～1.7m 为主要采样深度。

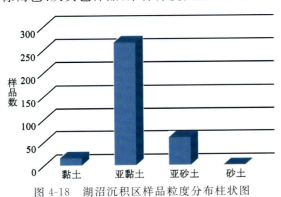
图 4-18 湖沼沉积区样品粒度分布柱状图

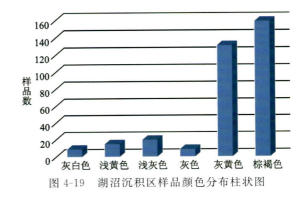
图 4-19 湖沼沉积区样品颜色分布柱状图

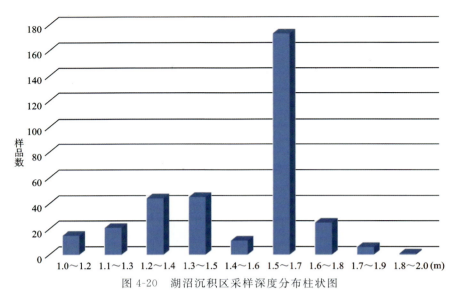

图 4-20 湖沼沉积区采样深度分布柱状图

由图 4-21～图 4-23 可见,风积黄土区的样品粒度图上,砂土占绝对优势;样品颜色图上,主体为浅黄色样品;采样深度图上,以 1.6～1.8m 为主要采样深度。

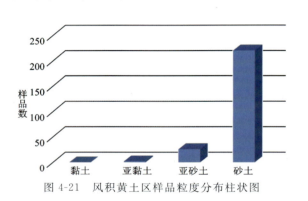

图 4-21 风积黄土区样品粒度分布柱状图

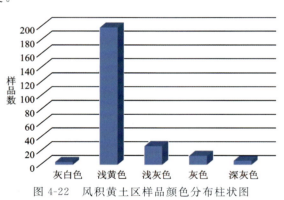

图 4-22 风积黄土区样品颜色分布柱状图

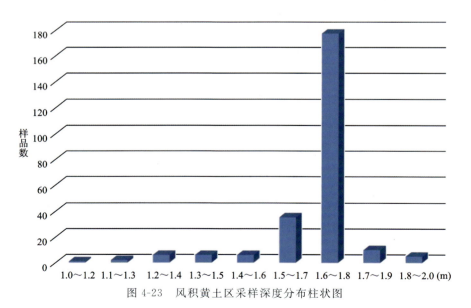

图 4-23 风积黄土区采样深度分布柱状图

B区块干扰地球化学因素与A区块相同,都为地貌景观条件因素,对数据校正方法也一致。

4.2.2 有效指标研究

化探有效指标研究是化探异常评价和靶区预测的重要前提和基础。不同化探指标地球化学属性各异,成藏环境的差异性和松辽盆地西缘白城地区油气储集体的一些特殊性,决定了不同化探指标有不同的应用效果,有必要寻找该地区有效地球化学指标及其组合。

对松辽盆地西缘白城地区A区块进行了酸解烃、稠环芳烃、芳烃及其衍生物、蚀变碳酸盐、微量元素(Ba、Sr、Pb、Se、Zn、Ni、Mo、Cd)指标的分析,依据不同类型指标地球化学特征,初步优选指标变量,进行有效指标的研究。

为研究有效指标,对各指标进行了聚类分析、相关分析和因子分析。

4.2.2.1 A区块有效指标研究

为研究指标间的群聚和分类特征,对A区块各指标进行了R型聚类分析。R型聚类分析结果以0.3为临界值可划分为五大类(图4-24)。即酸解烃为第一类,微量元素(Sr、Se)为第二类,蚀变碳酸盐为第三类,荧光、微量元素(Pb、Zn、Cd、Mo、Ni)为第四类,紫外、Ba为第五类。

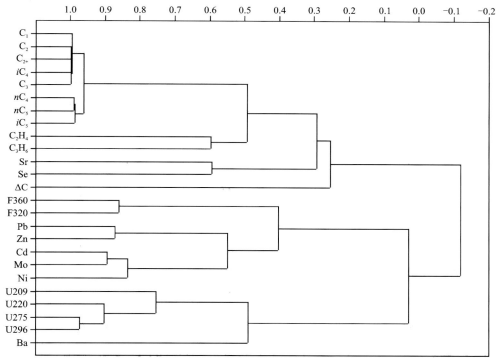

图 4-24 R型聚类分析谱系图(数据标准化处理、相关系数法)

进一步进行指标间的相关性、有效性研究,揭示指标间的相互关联性,统计指标间相关矩阵表。由表4-9可见,酸解烃、ΔC、微量元素、荧光、紫外为相互独立的五大类,其中酸解烃与Sr关系密切,微量元素Ba与其他各指标不相关,其余指标之间的相关系数较小,不具显著相关关系,但它们类内指标之间的相关系数较大,尤其类中的酸解烃相关显著。

相关分析结果表明:酸解烃、ΔC、微量元素、荧光和紫外指标为独立的指标,从地球化学意义上,它们均具有明确的地化内涵。

表 4-9 相关矩阵表

指标	C_1	C_2	C_2H_4	C_3	C_3H_6	iC_4	nC_4	iC_5	nC_5	C_{2+}	F360	F320	U209	U220	U275	U296	Ba	Sr	Pb	Zn	Cd	Mo	Ni	Se	ΔC
C_1	1																								
C_2	0.99	1																							
C_2H_4	0.27	0.30	1																						
C_3	0.98	0.99	0.35	1																					
C_3H_6	0.65	0.66	0.50	0.67	1																				
iC_4	0.97	0.99	0.31	0.99	0.67	1																			
nC_4	0.95	0.97	0.38	0.99	0.66	0.98	1																		
iC_5	0.91	0.95	0.37	0.97	0.65	0.96	0.98	1																	
nC_5	0.92	0.95	0.41	0.97	0.68	0.97	0.99	0.98	1																
C_{2+}	0.99	1.00	0.32	1.00	0.67	0.99	0.98	0.96	0.96	1															
F360	0.06	0.05	0.01	0.04	0.07	0.05	0.03	0.02	0.02	0.05	1														
F320	0.06	0.05	−0.03	0.04	0.03	0.05	0.03	0.02	0.02	0.05	0.75	1													
U209	−0.04	−0.05	−0.05	−0.06	−0.08	−0.06	−0.07	−0.03	−0.08	−0.06	0.28	0.38	1												
U220	−0.01	−0.02	−0.04	−0.02	−0.05	−0.02	−0.03	−0.03	−0.03	−0.02	0.28	0.40	0.87	1											
U275	−0.04	−0.05	−0.04	−0.05	−0.07	−0.05	−0.05	−0.06	−0.06	−0.05	0.14	0.22	0.76	0.82	1										
U296	−0.03	−0.04	−0.04	−0.04	−0.07	−0.04	−0.05	−0.06	−0.06	−0.04	0.06	0.12	0.71	0.79	0.97	1									
Ba	−0.22	−0.22	−0.08	−0.24	−0.13	−0.24	−0.25	−0.26	−0.24	−0.23	0.09	0.08	0.13	0.07	0.08	0.07	1								
Sr	0.41	0.43	0.22	0.46	0.26	0.46	0.48	0.47	0.48	0.44	−0.12	−0.11	−0.23	−0.13	−0.10	−0.08	−0.42	1							
Pb	−0.08	−0.10	−0.15	−0.13	−0.11	−0.12	−0.15	−0.16	−0.15	−0.11	0.18	0.19	0.25	0.14	0.10	0.09	0.48	−0.37	1						
Zn	0.00	−0.01	−0.17	−0.04	−0.07	−0.07	−0.05	−0.06	−0.06	−0.02	0.19	0.21	0.20	0.12	0.07	0.05	0.41	−0.25	0.86	1					
Cd	−0.02	−0.04	−0.21	−0.06	−0.06	−0.04	−0.08	−0.08	−0.09	−0.04	0.12	0.13	0.24	0.09	0.04	0.03	0.19	−0.26	0.51	0.55	1				
Mo	−0.11	−0.11	−0.16	−0.13	−0.12	−0.12	−0.14	−0.14	−0.14	−0.12	0.11	0.14	0.15	0.10	0.08	0.05	0.29	−0.30	0.42	0.36	0.49	1			
Ni	0.14	0.13	−0.10	0.12	0.07	0.14	0.12	0.11	0.11	0.13	0.08	0.13	0.06	0.03	0.01	−0.01	−0.13	0.11	0.45	0.54	0.55	0.40	1		
Se	0.02	0.01	−0.08	−0.01	−0.05	0.01	−0.01	0.00	−0.01	0.00	0.12	0.14	0.19	0.14	0.09	0.07	0.12	−0.13	0.51	0.52	0.32	0.22	0.35	1	
ΔC	0.10	0.11	0.04	0.12	0.04	0.12	0.14	0.15	0.13	0.12	−0.09	−0.09	−0.11	−0.04	−0.03	−0.02	−0.28	0.32	−0.23	−0.16	−0.12	−0.12	0.08	−0.03	1

为进一步研究指标地球化学信息相关性,进行因子分析。由表 4-10 可见,F1 因子主要为酸解烃、Sr 的反映,方差贡献 35.63%;F2 因子主要为由紫外、Se 的反映,方差贡献 17.52%;F3 因子主要为 Pb、Zn、Cd、Ni 的反映,方差贡献 12.19%;F4 因子主要为荧光的反映,方差贡献 6.30%;F5 因子主要为 Ba 的反映;F6 因子主要为 C_2H_4 的反映;F7 因子主要为 Mo 的反映;F8 因子主要为 ΔC 的反映;累计方差贡献已达 87.67%。除 F5、F6、F7 外,每个因子都与特定的指标组合对应,一个因子即可代表一类组合指标。

从因子结构上表明,酸解烃为直接有效指标,荧光、紫外、ΔC 为间接有效指标,微量元素为辅助有效指标。

表 4-10 旋转因子特征表

类型	指标	F1	F2	F3	F4	F5	F6	F7	F8
酸解烃	C_1	0.95	0.17	0.05	0.01	0.05	−0.14	−0.07	0.02
	C_2	0.97	0.15	0.04	0.01	0.05	−0.11	−0.06	0.03
	C_2H_4	0.42	−0.10	−0.12	0.21	0.19	0.69	0.41	−0.06
	C_3	0.98	0.13	0.03	0.01	0.05	−0.08	−0.03	0.02
	C_3H_6	0.72	0.05	0.02	0.18	0.14	0.25	0.28	−0.05
	iC_4	0.98	0.14	0.04	0.00	0.03	−0.09	−0.05	0.02
	nC_4	0.98	0.11	0.01	0.00	0.05	−0.04	−0.02	0.02
	iC_5	0.97	0.09	0.02	−0.01	0.04	−0.04	−0.03	0.02
	nC_5	0.98	0.10	0.01	0.01	0.06	0.00	−0.01	0.02
	C_{2+}	0.98	0.14	0.04	0.01	0.05	−0.10	−0.05	0.03
荧光、紫外	F360	0.01	0.44	−0.06	0.65	−0.50	0.01	−0.01	0.04
	F320	0.00	0.51	−0.12	0.58	−0.52	−0.02	−0.01	0.03
	U209	−0.15	0.73	−0.52	−0.03	0.03	−0.01	0.03	−0.05
	U220	−0.09	0.68	−0.64	−0.05	−0.02	0.00	0.01	−0.01
	U275	−0.12	0.61	−0.69	−0.22	0.12	0.01	0.02	0.01
	U296	−0.10	0.56	−0.69	−0.28	0.18	0.01	0.01	0.00
微量元素	Ba	−0.33	0.32	0.23	0.32	0.54	0.04	−0.11	0.43
	Sr	0.54	−0.27	−0.13	−0.29	−0.33	0.16	−0.07	−0.05
	Pb	−0.23	0.67	0.52	0.00	0.17	0.17	−0.17	0.03
	Zn	−0.14	0.67	0.55	−0.07	0.06	0.16	−0.21	0.02
	Cd	−0.14	0.50	0.50	−0.21	−0.07	−0.18	0.29	−0.08
	Mo	−0.21	0.46	0.38	−0.09	0.03	−0.24	0.50	0.25
	Ni	0.09	0.46	0.52	−0.41	−0.36	0.06	0.23	−0.17
	Se	−0.06	0.50	0.34	−0.17	−0.08	0.36	−0.38	−0.16
蚀变碳酸盐	ΔC	0.18	−0.19	−0.12	−0.41	−0.45	0.25	−0.04	0.65
累计百分数(%)		35.63	53.15	65.34	71.64	77.30	81.13	84.65	87.67

不同指标代表的地球化学意义不同,遵循指标的代表性强、信息量大,对深部油气信息有较好的直接指示作用或在解释推断上起重要的辅助作用的原则,综合聚类分析、相关分析、因子分析有效指标的研究结果,各项分析项目优选指标如下。

(1)酸解烃:酸解烃类指标间为紧密相关,除 C_2H_4 外,其余指标全部集中出现在第一主因子轴 F1 上,其因子载荷方差贡献为 35.63%,对油气的指示作用较强。因此筛选 C_1 及 C_{2+}($C_{2+}=C_2+C_3+nC_4+iC_4+nC_5+iC_5$)代表全部酸解烃指标作为直接有效指标。

(2)芳烃类:芳烃及其衍生物 U209~U296 相关系数在 0.75 以上,指标出现在 F2 因子上;稠环芳烃 F320~F360 相关系数在 0.71 以上,指标出现在 F4 因子上,显示较强的油气指示作用。因此着重从强度、相关性以及作图效果上筛选 U220 和 F360 作为间接有效指标。

(3)ΔC:ΔC 与其他指标相关性差,为独立的指标,但 ΔC 对寻找油气藏有重要的地球化学意义,因此筛选 ΔC 作为直接有效指标。

(4)微量元素类:微量元素因子载荷方差贡献较低,指示油气信息较烃类弱,结合指标因子分析和相关性,筛选 Sr、Ni 作为辅助有效指标。

综合所述,筛选 C_1、C_{2+}、ΔC、U220、F360、Sr、Ni 作为代表性指标进行综合研究。根据各指标的地球化学意义及有效指标的研究认为:C_1、C_{2+}、ΔC 作为寻找油气藏的直接有效指标,U220、F360 作为间接有效指标,Sr、Ni 作为辅助有效指标。

A 区块有利含气构造上方筛选的有效指标均有较好的油气化探异常,而且在有利含气构造上为双环状、环状、条带状异常模式,表明了上述指标的有效性。

4.2.2.2 B 区块有效指标研究

为研究指标间的群聚和分类特征,对 B 区块各指标进行了 R 型聚类分析。R 型聚类分析结果以 0.3 为临界值可划分为五大类(图 4-25)。即酸解烃、蚀变碳酸盐、微量元素(Pb、Zn、Cd、Ni、Sr)为第一类,荧光、Se 为第二类,Mo 为第三类,紫外为第四类,Ba 为第五类。

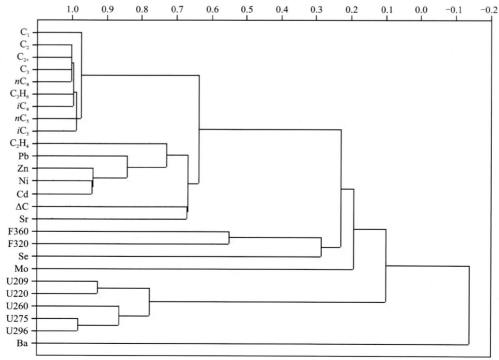

图 4-25 R 型聚类分析谱系图(数据标准化处理、相关系数法)

进一步进行指标间的相关性、有效性研究,揭示指标间的相互关联性,统计指标间相关矩阵表。由表 4-11 可见,酸解烃、ΔC、微量元素、荧光、紫外为相互独立的五大类,其中酸解烃与 Sr 关系密切、微量元素 Ba 与其他各指标不相关,其余指标之间的相关系数较小,不具显著相关关系,但它们类内指标之间的相关系数较大,尤其类中的酸解烃相关显著。

相关分析结果表明,酸解烃、ΔC、微量元素、荧光和紫外指标为独立的指标,从地球化学意义上,它们均具有明确的地球化学内涵。

为进一步研究指标地球化学信息相关性,进行因子分析。由表 4-12 可见,F1 因子主要为酸解烃、ΔC 的反映,方差贡献 33.27%;F2 因子主要为紫外的反映,方差贡献 15.90%;F3 因子主要为 Pb、Zn、Mo、Cd、Ni 的反映,方差贡献 12.23%;F4 因子主要为荧光的反映,方差贡献 7.05%;F5 因子主要为 Ba 的反映;F6 因子主要为 C_2H_4 的反映;F7 因子主要为 Se 的反映;F8 因子主要为 Mo 的反映;累计方差贡献已达 86.84%。除 F5、F6、F7、F8 外,每个因子都与特定的指标组合对应,一个因子即可代表一类组合指标。

从因子结构上表明,酸解烃为直接有效指标,荧光、紫外、ΔC 为间接有效指标,微量元素为辅助有效指标。

不同指标代表的地球化学意义不同,遵循指标的代表性强、信息量大,对深部油气信息有较好的直接指示作用或在解释推断上起重要的辅助作用的原则,综合聚类分析、相关分析、因子分析有效指标的研究结果,各项分析项目优选指标如下。

(1)酸解烃类:酸解烃类指标间为紧密相关,除 C_2H_4 外,其余指标全部集中出现在第一主因子轴 F1 上,其因子载荷方差贡献为 33.27%,对油气的指示作用较强。因此筛选 C_1 及 C_{2+}($C_{2+}=C_2+C_3+nC_4+iC_4+nC_5+iC_5$)代表全部酸解烃指标作为直接有效指标。

(2)芳烃类:芳烃及其衍生物 U209~U296 相关系数在 0.54 以上,指标出现在 F2 因子上;稠环芳烃 F320~F360 相关系数在 0.72 以上,指标出现在 F4 因子上,显示较强的油气指示作用。因此着重从强度、相关性以及作图效果上筛选 U209 和 F360 作为间接有效指标。

(3)ΔC:ΔC 与酸解烃相关性好,且共同出现在 F1 主因子上,对寻找油气藏有重要的地球化学意义,因此筛选 ΔC 作为直接有效指标。

(4)微量元素类:微量元素因子载荷方差贡献较低,指示油气信息较烃类弱,结合指标因子分析和相关性,筛选 Sr、Ni 作为辅助有效指标。

综合所述,筛选 C_1、C_{2+}、ΔC、U209、F360、Sr、Ni 作为代表性指标进行综合研究。根据各指标的地球化学意义及有效指标的研究认为:C_1、C_{2+}、ΔC 作为寻找油气藏的直接指标,U220、F360 作为间接有效指标,Sr、Ni 作为辅助有效指标。

B 区块有利含气构造上方筛选的有效指标均有较好的油气化探异常,而且在有利含气构造上为块状、条带状异常模式,表明了上述指标的有效性。

综合 A 区块和 B 区块有效指标研究认为:C_1、C_{2+}、ΔC 作为直接有效指标,U209(U220)、F360 作为间接有效指标,Sr、Ni 作为辅助有效指标进行地球化学特征研究。

4.3 地球化学烃场分布特征

地球化学场是指由于地球化学作用造成的具有某种地球化学性质的区域空间,与油气藏关系密切。

油气藏是地球化学烃场的深部场源,是烃类物质的地下聚集体。油气藏的形成、演化是与地球化学烃场的产生、演变密不可分的,地球化学烃场中的烃类物质生成、运移(方式、方向)及聚集状态决定了油气藏的存在形式、分布范围和特征。

表 4-11 相关矩阵表

指标	C_1	C_2	C_2H_4	C_3	C_3H_6	iC_4	nC_4	iC_5	nC_5	C_{2+}	ΔC	F360	F320
C_1	1												
C_2	0.945 136	1											
C_2H_4	0.364 254	0.373 691	1										
C_3	0.906 848	0.939 933	0.354 632	1									
C_3H_6	0.527 972	0.552 295	0.162 455	0.595 101	1								
iC_4	0.785 159	0.806 481	0.232 327	0.811 991	0.543 795	1							
nC_4	0.837 619	0.855 039	0.209 081	0.865 005	0.548 336	0.885 588	1						
iC_5	0.729 69	0.741 007	0.180 171	0.728 308	0.408 016	0.773 034	0.808 404	1					
nC_5	0.669 534	0.662 394	0.246 255	0.659 075	0.368 06	0.708 716	0.751 841	0.841 747	1				
C_{2+}	0.945 275	0.990 1	0.400 672	0.969 664	0.601 191	0.846 488	0.891 481	0.769 302	0.700 651	1			
ΔC	0.309 082	0.324 031	0.142 383	0.304 416	0.173 879	0.217 071	0.256 898	0.192 904	0.192 5	0.317 215	1		
F360	0.123 526	0.124 261	0.077 971	0.095 993	0.063 55	0.059 667	0.045 788	0.037 876	0.036 655	0.111 93	−0.028 25	1	
F320	0.079 372	0.096 315	0.021 199	0.072 864	0.054 83	0.045 166	0.046 904	0.016 103	0.028 525	0.085 128	0.004 064	0.724 51	1
U209	0.043 289	0.045 377	0.016 639	0.041 743	0.033 143	0.024 435	0.012 433	0.001 501	−0.001 21	0.041 67	0.041 706	0.359 49	0.466 688
U220	0.053 516	0.036 455	0.011 457	0.029 511	0.022 186	0.000 993	0.009 549	−0.007 93	−0.003 29	0.031 183	0.007 386	0.393 291	0.485 687
U260	0.034 433	0.020 278	−0.028 14	0.018 111	0.018 688	0.016 659	0.027 737	0.032 293	0.025 976	0.019 554	−0.006 91	0.129 132	0.144 004
U275	−0.028 09	−0.046 09	−0.039 64	−0.043 62	−0.012 03	−0.033 19	−0.026 66	−0.024 12	−0.014 42	−0.044 81	−0.001 39	0.111 193	0.122 021
U296	−0.019 08	−0.035 27	−0.034 88	−0.029 71	−0.004 64	−0.028 54	−0.018 21	−0.018 45	−0.009 27	−0.033 4	−0.000 015	0.070 372	0.090 416
Pb	0.380 178	0.369 65	0.150 387	0.355 781	0.202 028	0.278 136	0.275 133	0.220 09	0.206 964	0.363 411	0.342 552	0.235 32	0.200 396
Zn	0.451 333	0.433 326	0.161 209	0.413 167	0.242 418	0.328 308	0.320 666	0.261 299	0.240 11	0.424 523	0.304 603	0.286 242	0.235 476
Ba	−0.127 4	−0.135 76	−0.101 09	−0.140 56	−0.104 72	−0.097 47	−0.139 3	−0.082 61	−0.087 05	−0.141 98	−0.485 99	0.062 228	0.018 373
Sr	0.494 97	0.496 21	0.199 646	0.476 268	0.285 406	0.352 399	0.408 835	0.304 711	0.290 605	0.490 035	0.658 28	0.063 315	0.097 167
Mo	0.136 81	0.122 514	0.021 458	0.120 581	0.093 363	0.082 73	0.111 194	0.084 529	0.065 035	0.121 753	0.144 721	0.078 544	0.082 433
Ni	0.408 833	0.395 612	0.138 512	0.382 774	0.225 624	0.319 64	0.320 64	0.251 682	0.243 695	0.392 035	0.482 576	0.118 923	0.095 792
Cd	0.321 969	0.294 834	0.081 116	0.274 562	0.164 836	0.243 639	0.247 66	0.189 936	0.196 46	0.289 458	0.239 372	0.214 737	0.182 028
Se	0.077 631	0.090 077	−0.003 49	0.099 119	0.049 651	0.118 852	0.100 378	0.091 244	0.076 697	0.095 072	0.116 854	0.067 402	0.055 171

续表 4-11

指标	U209	U220	U260	U275	U296	Pb	Zn	Ba	Sr	Mo	Ni	Cd	Se
C_1													
C_2													
C_2H_4													
C_3													
C_3H_6													
iC_4													
nC_4													
iC_5													
nC_5													
C_{2+}													
ΔC													
F360													
F320													
U209	1												
U220	0.905 35	1											
U260	0.602 7	0.712 131	1										
U275	0.552 31	0.632 31	0.868 78	1									
U296	0.537 23	0.627 322	0.892 433	0.802 958	1								
Pb	0.108 583	0.084 244	−0.005 59	−0.018 28	−0.018 53	1							
Zn	0.115 881	0.105 841	0.012 85	−0.012 53	−0.012 55	0.869 25	1						
Ba	−0.015 5	−0.024 42	−0.024 85	−0.017 73	−0.015 29	0.034 43	0.005 32	1					
Sr	0.070 313	0.075 01	0.040 287	0.002 856	0.018 048	0.572 87	0.552 452	−0.449 19	1				
Mo	0.014 018	0.071 878	0.015 494	−0.008 2	0.031 974	0.374 97	0.387 182	−0.038 2	0.236 817	1			
Ni	0.065 624	0.013 928	−0.042 09	−0.033 83	−0.065 46	0.751 9	0.768 357	−0.216 55	0.611 119	0.478 35	1		
Cd	0.084 41	0.077 457	0.009 274	−0.010 92	−0.012 38	0.666 23	0.697 94	0.014 934	0.430 82	0.505 638	0.821 058	1	
Se	0.054 207	−0.039 91	−0.108 13	−0.070 07	−0.111 65	0.284 66	0.324 616	−0.066 28	0.061 742	0.225 151	0.383 155	0.314 626	1

表 4-12　旋转因子特征表

类型	指标	F1	F2	F3	F4	F5	F6	F7	F8	F9
酸解烃	C_1	0.91	−0.06	−0.22	0.04	−0.01	0.10	0.00	0.00	0.01
	C_2	0.92	−0.08	−0.24	0.05	−0.04	0.08	0.01	0.01	0.04
	C_2H_4	0.35	−0.05	−0.09	0.00	−0.23	0.62	0.61	0.09	−0.12
	C_3	0.91	0.09	−0.25	0.04	−0.02	0.05	0.01	0.05	0.09
	C_3H_6	0.59	−0.05	−0.20	0.03	−0.01	−0.02	−0.13	0.41	0.55
	iC_4	0.83	−0.11	−0.31	0.08	0.09	−0.13	−0.02	−0.02	0.01
	nC_4	0.87	−0.11	−0.33	0.07	0.07	−0.14	−0.06	0.00	−0.03
	iC_5	0.77	−0.12	−0.35	0.07	0.14	−0.20	−0.03	−0.13	−0.26
	nC_5	0.72	−0.11	−0.33	0.06	0.11	−0.15	0.03	−0.15	−0.33
	C_{2+}	0.94	−0.09	−0.26	0.05	−0.03	0.07	0.03	0.03	0.05
荧光、紫外	F360	0.18	0.42	0.18	0.61	−0.40	−0.03	−0.05	0.03	−0.08
	F320	0.16	0.48	0.16	0.57	−0.46	−0.03	−0.09	0.05	−0.08
	U209	0.10	0.84	−0.07	0.11	−0.14	−0.10	0.11	−0.05	0.08
	U220	0.08	0.90	−0.11	0.09	−0.12	−0.05	0.04	0.03	0.00
	U260	0.04	0.86	−0.28	−0.24	0.21	0.05	−0.01	−0.01	−0.01
	U275	−0.02	0.81	−0.24	−0.26	0.22	0.03	0.03	−0.04	0.02
	U296	−0.01	0.80	−0.25	−0.29	0.24	0.07	−0.01	0.01	−0.01
微量元素	Pb	0.58	0.15	0.63	0.05	0.13	0.19	−0.10	−0.21	0.09
	Zn	0.63	0.16	0.60	0.10	0.13	0.15	−0.06	−0.17	0.10
	Ba	−0.20	0.00	−0.05	0.59	0.55	0.29	−0.11	−0.16	0.09
	Sr	0.64	0.07	0.33	−0.41	−0.29	0.10	−0.20	−0.08	0.00
	Mo	0.28	0.11	0.49	−0.03	0.29	−0.08	0.01	0.63	−0.34
	Ni	0.63	0.07	0.66	−0.16	0.11	−0.02	0.01	−0.03	0.00
	Cd	0.51	0.15	0.64	0.07	0.26	0.03	−0.05	0.04	−0.09
	Se	0.21	−0.02	0.40	0.08	0.18	−0.53	0.61	−0.11	0.23
蚀变碳酸盐	ΔC	0.44	0.01	0.27	−0.55	−0.39	−0.07	−0.06	−0.12	−0.01
累计百分数(%)		33.27	49.17	61.40	68.45	73.98	77.80	81.12	84.02	86.84

重点分析地球化学场的空间结构，分解地球化学场的层次结构，达到识别背景及异常的目的，阐明烃类地球化学场与地质、地球物理特征的关系。

4.3.1　A 区块地球化学烃场分布特征

如图 4-26、图 4-27 所示，C_1、C_{2+} 指标高背景地球化学场位于 A 区块北部大岗—后大岗—马鞍山一带(简称环 1)、南部林发窝堡—西江屯一带(简称环 2)、先锋大队—永茂乡—后青山一带(简称环 3)以及东部前进马场—富裕大队和福乐四队—大通乡—九家子一带。其中，环 1 呈双环状展布、环 2 和环 3 呈环状展布,其他的呈条带状展布。

环1位于平安镇断陷内东北部中侏罗统、上古生界沉积盖层残余厚度最大的七棵树地段内,在其断陷周边分布有北东向、北西向断裂,油气通过断裂渗逸到地表,引起了双环状高背景区;环2位于青山镇断陷的西南部,在其断陷周边分布有北东向、北西向断裂,油气通过断裂渗逸到地表引起了环状和条带状高背景区;环3位于平安镇断陷西南部,在其断陷周边分布有北东向、北西向断裂,油气通过断裂渗逸至地表,引起了环状和条带状高背景区。

条带状高背景场为油气通过断裂渗逸到地表引起的,呈北东向和北西向展布,与地表断裂的分布位置基本一致。条带状高背景场的分布间接反映了断裂浅表的大致位置。

C_1、C_{2+}指标高背景地球化学场分布与断陷和断裂的位置对应较好,油气通过断裂渗逸到地表,形成了大面积的高背景场,该场与区域重力低值区分布基本一致。

C_1、C_{2+}指标低背景地球化学场位于A区块中部和平村—林海乡—青山乡一带、新立屯—靠山屯—青山林场一带、南部林发窝棚—波兰招—福乐林场以及北部后六家子—兴隆镇一带,呈面状、不规则状

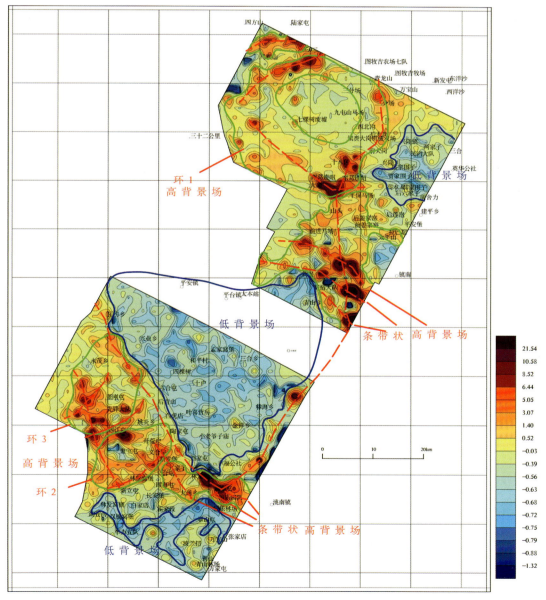

图4-26 甲烷(C_1)地球化学图

展布。其中低背景场基底被中基性岩侵入，油气藏遭到了破坏，造成基底抬升，形成了面状低背景区，与重力高值区对应。

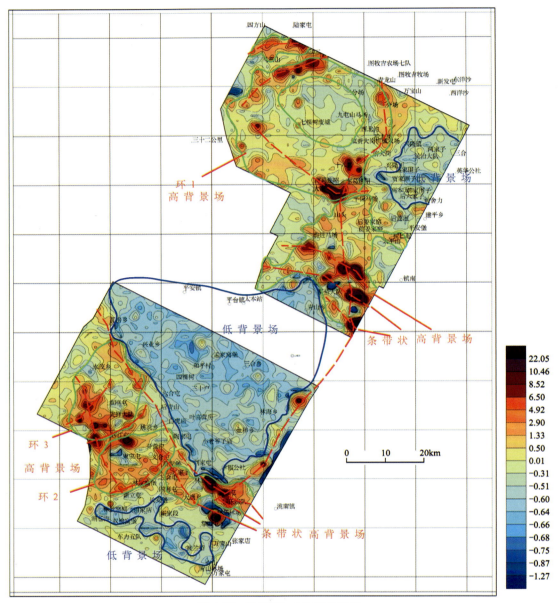

图 4-27　重烃(C_{2+})地球化学图

由图 4-28 可见，ΔC 指标高背景地球化学场位于 A 区块北部七棵树—西葛连昭—兴隆镇—后六家子一带以及前进马场—太本站一带，呈不规则状展布，北部三分场—万宝山一带以及太平山—镇南一带和南部三合屯—福乐林场呈条带状展布，南部先锋大队—永茂乡—后青山一带呈环状展布。

ΔC 的不规则状高背景场位于平安镇断陷内东北部及外围，在其断陷周边分布有北东向、北西向断裂，油气通过断裂渗逸到地表，引起了不规则状高背景区；环状高背景场位于平安镇断陷西南部，在其断陷周边分布有北东向、北西向断裂，油气通过断裂渗逸至地表，引起了环状高背景区，与 C_1、C_{2+} 环 3 高背景场分布基本一致；条带状高背景场为油气通过断裂渗逸到地表引起的，呈条带状展布，与 C_1、C_{2+} 条带状高背景场部分重合。

ΔC 指标低背景地球化学场分布于 A 区块中部和平村—林海乡—青山乡一带，呈面状展布，与 C_1、

C_{2+} 面状低背景场分布基本一致。

ΔC 地球化学场与 C_1、C_{2+} 地球化学场的分布范围、形态基本吻合,说明 B 区块 ΔC 与 C_1、C_{2+} 关系密切,物质来源一致。

全区酸解烃 C_1、C_{2+}、ΔC 的含量最高值均分布于 A 区块北东向断裂和北西向断裂交会处,其中 C_1、C_{2+}、ΔC 最高值分别为 5 033.20 μL/kg、970.17 μL/kg、5.63%,变异系数分别为 1.29、1.48、1.07,是寻找油气藏重要的地球化学指标。

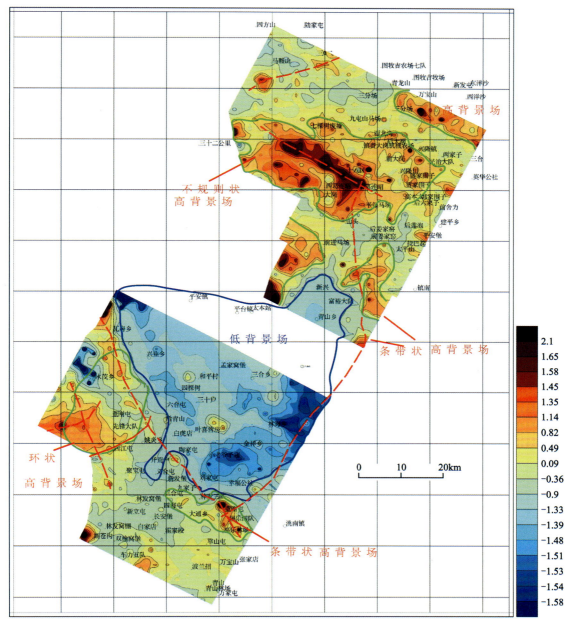

图 4-28　蚀变碳酸盐(ΔC)地球化学图

4.3.2　B 区块地球化学烃场分布特征

由图 4-29、图 4-30 可见,C_1、C_{2+} 指标高背景地球化学场位于 B 区块中部大安马场—五山堂—祝家

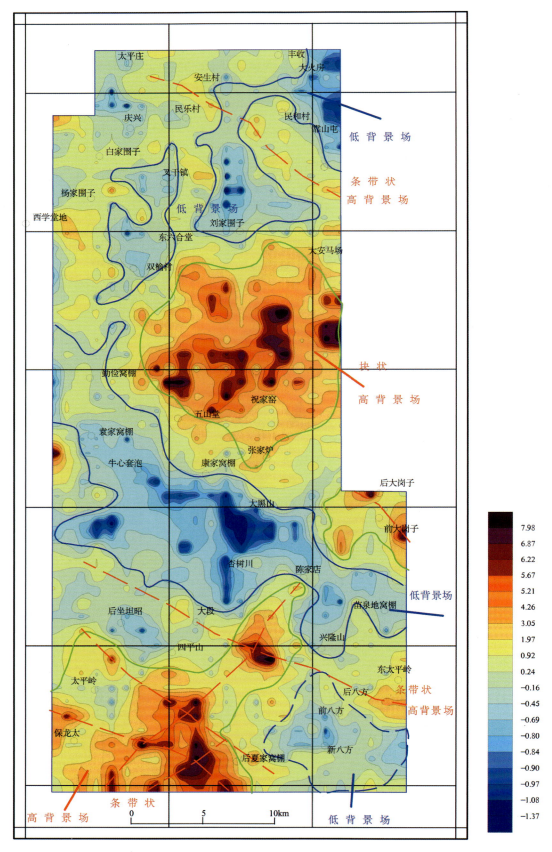

图 4-29 甲烷(C_1)地球化学图

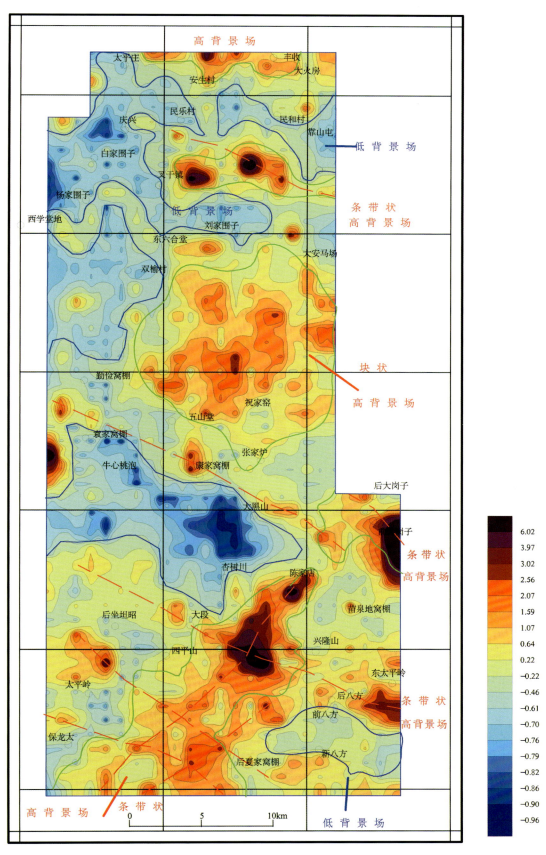

图 4-30 重烃(C_{2+})地球化学图

窑一带（简称块1）、北部叉干镇东部以及南部康家窝棚—大黑山—前大岗子一带、陈家店—四平山—后夏家窝棚一带和后坐坦昭—后八方一带。其中，块1呈块状展布，其他的呈带状展布。

块1位于丰收镇断陷内南部的祝家窑地段内，该盖层断裂不发育，侏罗系、白垩系发育，地下烃类组分通过垂直微渗漏至地表引起了块状高背景场。该模式一般反映了油气田的富集中心部位。高背景场与区域重力低值区分布基本一致。

条带状高背景场为油气通过断裂渗逸到地表引起的，呈北东向和北西向展布，与地表断裂的分布位置基本一致。条带状高背景场分布间接反映了断裂浅表的大致位置。

C_1、C_{2+}指标高背景地球化学场分布与断陷和断裂的位置对应较好，油气通过断裂渗逸到地表，形成了大面积的高背景场，该场与区域重力低值区分布基本一致。

C_1、C_{2+}指标低背景地球化学场分布在靠山屯—民和村—刘家围子、东六合堂—双榆村和兴隆山—苗泉地窝棚一带以及前八方—新八方一带，呈不规则状展布，在袁家窝棚—杏树川一带呈北西向条带状展布。不规则状低背景场被油气通过断裂形成的高背景场切割成大小不同的区块；条带状低背景场与区域重力梯度带对应较好。

由图4-31可见，ΔC指标高背景地球化学场分布于B区块中部大安马场—祝家窑一带，呈块状展布；北部靠山屯—大火房-太平庄以及南部后坐坦昭—太平岭一带、陈家店—四平山—保龙太一带和东太平岭—后夏家窝棚一带，呈条带状展布。

块状高背景场为地下烃类组分通过垂直微渗漏至地表引起；条带状高背景场为油气通过断裂渗逸到地表引起的，呈北东向和北西向展布，与地表断裂的分布位置基本一致。条带状高背景场分布间接的反映了断裂浅表的大致位置。

ΔC指标低背景地球化学场分布在民和村—刘家围子一带、杨家围子—西学堂地和后夏家窝棚—前八方—新八方一带，呈不规则状展布；在袁家窝棚—杏树川一带呈北西向条带状展布。不规则状低背景场被油气通过断裂形成的高背景场切割成大小不同的区块；条带状低背景场与区域重力梯度带对应较好。

ΔC地球化学场与C_1、C_{2+}地球化学场的分布范围、形态基本吻合，说明B区块ΔC与C_1、C_{2+}关系密切，物质来源一致。

全区酸解烃C_1、C_{2+}、ΔC的含量最高值均分布于B区块北东向断裂和北西向断裂交会处，其中C_1、C_{2+}、ΔC最高值分别为343.12μL/kg、98.16μL/kg、5.29%，变异系数分别为0.92、2.00、0.48，是寻找油气藏重要的地球化学指标。

综合A区块和B区块C_1、C_{2+}、ΔC的地球化学场分布特征表明，主要有效指标受构造控制，展布与构造线走向一致，显然油气以断裂及微裂隙为运移通道，且在断裂交会处C_1、C_{2+}、ΔC含量最高，并在地表构成了高地球化学场。

C_1、C_{2+}、ΔC地球化学场的分布总体反映了断陷及地质体的总体展布特征；条带状高背景地球化学场是油气通过断裂渗逸到地表引起的，而这些条带状高背景场间接反映了断裂浅表的大致位置；依据C_1、C_{2+}、ΔC地球化学场的分布范围及形态认为，A区块平安镇断陷内的七棵树地段、青山镇断陷西南部和B区块丰收镇断陷内祝家窑地段和通榆断陷中东部是油气富集区域，是寻找油气的重点地区。

依据以上地球化学参数特征、丰度特征、变异特征、结构特征等的分析，各指标背景场分布特征差异显著，具有明显的分区分带的规律，各区块间具有明显的群聚特征和差异性，既具有差异性，又具有相关性，是地质构造运动、烃类微渗漏、地球化学作用等相互交织影响的综合效应结果的表现。而ΔC、烃类干燥系数具有明显分带特征，可能与油气分布、运移方式等有关，如烃类干燥系数上A区块湿、B区块干，表明A区块平安镇断陷内的七棵树地段、青山镇断陷西南部可能有高湿度油气田分布，表明区域地球化学场可反映一些区域地质背景的差异性。

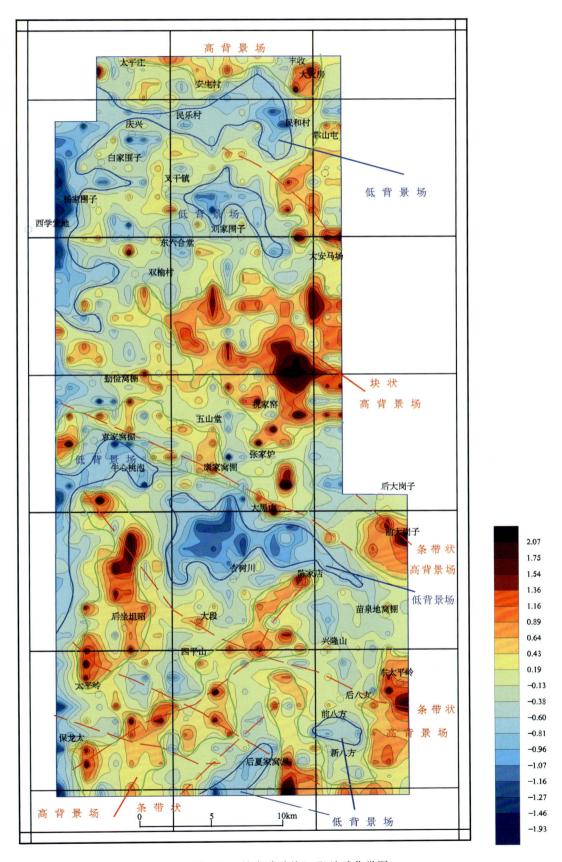

图 4-31 蚀变碳酸盐（ΔC）地球化学图

5 地球化学异常特征及模式研究

5.1 异常的圈定

5.1.1 异常的圈定与分类

为了合理圈定异常,以取得最优的异常圈定效果,烃类及非烃类指标采用不同地貌景观区求取 t 值编制异常图;将标准化后数据,取 $t=1.0$ 为各指标异常下限,再结合地球化学图等量线及圈定效果确定出不同区块各指标异常下限(表5-1)。

具体做法为在1:10万点位数据的基础上,按实用异常下限的1倍、2倍、4倍分3个浓度带,分别圈定,用不同的色度及晕线表示。

表5-1 指标异常下限统计表

A 区块		B 区块	
指标	标准化异常下限	指标	标准化异常下限
C_1	0.85	C_1	2.00
C_{2+}	0.90	C_{2+}	1.00
ΔC	0.80	ΔC	0.80
F360	1.40	F360	1.10
U220	1.30	U209	0.50
Sr	1.50	Sr	0.80
Ni	1.50	Ni	0.80

根据指标间的相关分析、聚类分析、因子分析结果及地球化学场特征和地球化学异常参数特征(指标组合、异常强度、衬度、规模)所处地质条件,经综合分析评价所具有的勘探意义,划分综合异常的原则如下。

(1)组成综合异常的各指标异常的套合规律越好,评价越高,反之越低。

(2)组成异常的单指标级别高,评价高,反之则低,主要指标级别大小依次为酸解烃类(C_{2+}、C_1、ΔC)、紫外类和荧光类、微量元素类。

(3)所处的地质背景越有利,评价越高,反之低。

根据以上原则,将综合异常按照规范分为 Ⅰ、Ⅱ、Ⅲ 3个级别。

Ⅰ级综合异常:直接有效指标异常规模大、强度高,间接有效指标、辅助有效指标异常显著,所处地质条件有利,是油气勘查最有利的地区。

Ⅱ级综合异常:直接有效指标异常规模大、强度高,间接有效指标、辅助有效指标异常有一定的显示,所处地质条件比较有利,是油气勘查有利的地区。

Ⅲ级综合异常:异常组分简单,直接有效指标异常规模小,间接有效指标、辅助有效指标异常,有一定的显示,是油气勘查较有利的地区。

依据上述原则,A区块圈定综合异常共5个,其中Ⅰ级异常2个、Ⅱ级异常1个、Ⅲ级异常2个;B区块圈定综合异常共4个,其中Ⅰ级异常1个、Ⅱ级异常1个、Ⅲ级异常2个。

5.1.2 异常评价特征指标

利用酸解烃特征指标(干燥系数、湿度系数、特征系数)对烃类综合异常进行初评(表5-2)。

干燥系数:$C_1/\sum C_n \times 100\%$,当 $C_1/\sum C_n \times 100 > 75\% \sim 95\%$,可以认为化探异常主要反映深部气源的特征。

湿度系数:重烃/总烃,即 $C_{2+}/(C_1+C_{2+}) \times 100\%$,比值越大,有机质的成熟度越高,表明沉积物有机质向石油方面演化的程度越高,中新生代生油岩酸解烃的湿度比一般在15%~50%。

特征系数:$(C_4+C_5)/C_3 \times 100\%$,该比值较高,大于50%时,基本可以说明异常的形成与深部油气藏有关。

表5-2 综合异常酸解烃特征指标统计表

研究区	异常编号	干燥系数(%)	湿度系数(%)	特征系数(%)
A区块	Ⅰ-1	81.38	18.62	57.97
	Ⅰ-2	81.15	18.85	50.58
	Ⅱ-1	80.61	19.39	52.49
	Ⅲ-1	81.98	18.02	51.23
	Ⅲ-2	79.99	20.01	58.15
B区块	Ⅰ-1	82.45	17.55	60.90
	Ⅱ-1	82.43	17.57	66.25
	Ⅲ-1	86.79	13.21	68.94
	Ⅲ-2	81.98	18.02	58.71
经验值	气	>95		
	石油伴生气	75~95		
	油	50~75		

由表5-2可见,研究区内壤中烃气主要为石油伴生气,异常为油气藏在地表的反映。

5.2 地球化学异常特征

油气地表地球化学异常是油气在地质历史上生成、运移、聚集、逸散及氧化过程的表现,油气源是造成地表化探异常的物质基础,不同的来源具有不同的组分特征,地表异常的组分特征和分布特征来推测油气源的特征。

5.2.1　A区块地球化学异常特征

5.2.1.1　酸解烃异常

如图5-1、图5-2所示，在A区块区北部大岗—后大岗—马鞍山一带（Ⅰ-1）和南部林发窝堡—西江屯一带（Ⅰ-2）以及先锋大队—永茂乡—后青山一带（Ⅱ-1）分布有规模较大的环状异常，具渗逸特征。其中Ⅰ-1异常位于青山镇断陷七棵树地段内，异常呈双环状展布，在双环状异常的环内为一圈低于异常值的低值带，在环心围绕断续的低异常带，在此低异常带外围又出现一圈宽度不等的低于异常值的低值带，在环状外围形成了一圈断续的强度高的异常带；Ⅰ-2异常位于青山镇断陷西南部，Ⅱ-1异常位于平安镇断陷西南部，均呈环状展布，在环状异常的内部出现了一圈低于异常值的低值带，其外围出现了连续性较强的高值环带。环状异常的内部是有利的油气聚集区（带）。

在东部前进马场—富裕大队一带（Ⅲ-1）和福乐四队—大通乡—九家子一带（Ⅲ-2）分布有规模较大的条带状异常，具渗逸特征，油气通过北东向断裂和北西向断裂渗逸到地表，在断裂交会处，异常强度最高。

C_1、C_{2+}异常分布形态基本一致，异常梯度变化较大，说明A区块异常均与深部油气相关。烃类异常分布的总面貌反映A区块有较丰富的油气聚集，异常与构造对应较好，地质条件有利，环状异常区是有利的油气聚集区。

对照烃类各指标异常图（图5-1、图5-2）可见，各异常位置、异常形态及高低起伏完全相符，异常突出而有规律性，表明其来源基本一致。结合干燥系数、湿度系数，说明A区块酸解烃的来源并非浅层沼气的干扰，而与深部油气相关。

5.2.1.2　蚀变碳酸盐异常

如图5-3所示，ΔC异常呈条带状、不规则状展布，具有北高南低特征。在酸解烃条带状异常内部分布有面积较小，强度低的ΔC异常；在Ⅰ-1异常双环的内接圆西南部分布有异常梯度变化较大，面积较大的北西向ΔC异常带，这个异常带代表深部烃类向上逸出活动最强的地区。部分ΔC异常与C_1、C_{2+}异常高值点重合，即两者呈共消长关系，这类异常点意义最大，它们是深部油气在地表的直接指示。

5.2.1.3　其他指标异常

如图5-4、图5-5所示，F360异常和U220异常具有分布范围广、规模小、强度低的特征，在Ⅰ-1异常东北部分布有异常强度高、规模大的异常，可能是地段水动力条件较好，有利于稠环芳烃、芳烃及其衍生物的运移。在区块中部呈星点状、不规则状的强度低的异常，异常分布零散，与C_1、C_{2+}、ΔC异常呈负相关，两者关系说明F360异常和U220异常受水动力影响较大，断裂影响较小。

如图5-6所示，Sr异常与C_1、C_{2+}环状异常重合性较好，酸解烃异常是深部油气在地表的直接显示，而Sr在油田水中有较高的含量，它的异常指示油田水的分布范围，预示着C_1、C_{2+}异常内聚集油气田的最大范围，而且区块西南部断层处，出现了向南西方向的拉长现象，说明沿断裂带地下水活动较为强烈。

如图5-7所示，Ni异常为条带状、不规则状展布，呈北高南低的特征，与ΔC异常分布范围基本一致。Ni异常带一般位于酸解烃环状异常的外围，呈不规则状、带状展布；在Ⅰ-1异常双环的内接圆西南部分布有异常梯度变化较大，出现面积较大的北西向Ni异常带，这个异常带与北西向断裂关系密切，是油气田渗逸到地表的主要通道。

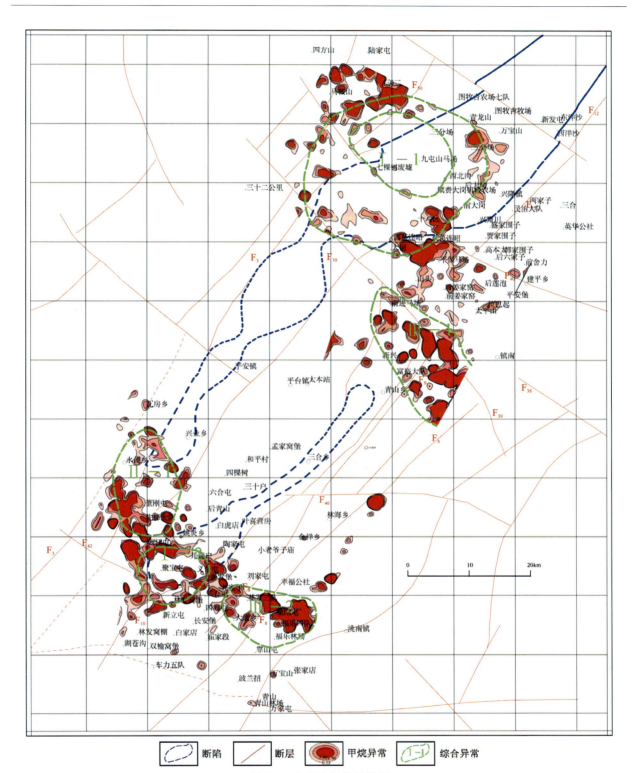

图 5-1 A 区块甲烷异常图

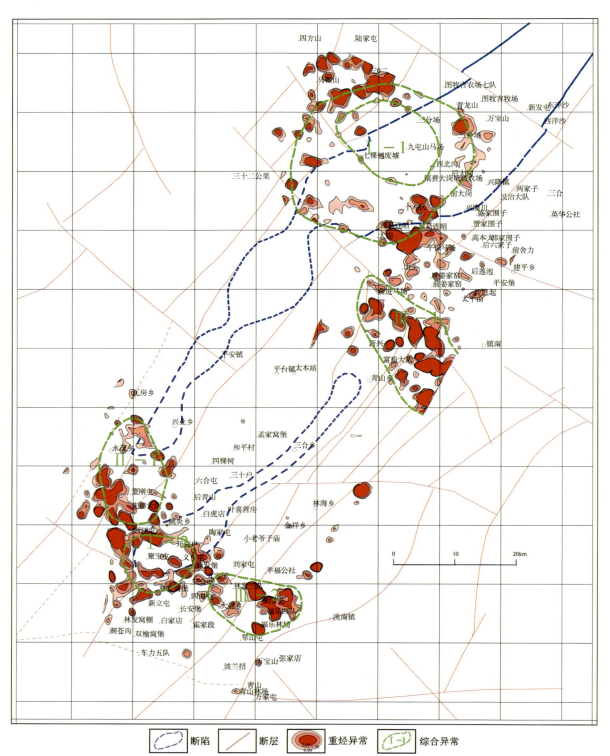

图 5-2　A 区块重烃异常图

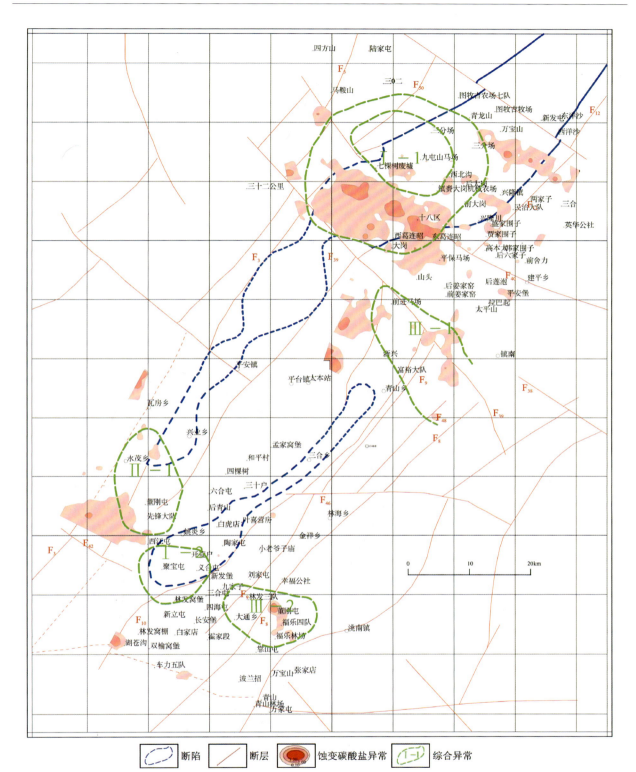

图 5-3　A 区块蚀变碳酸盐异常图

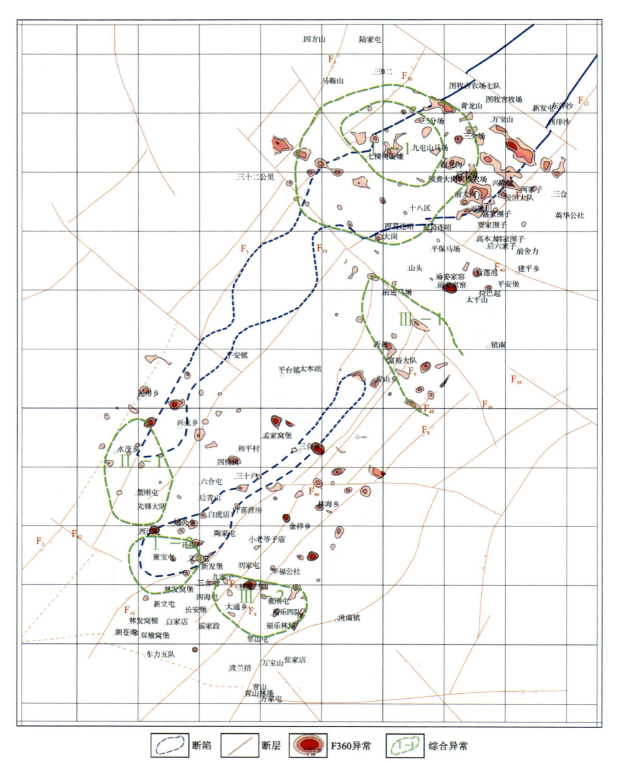

图 5-4　A 区块 F360 异常图

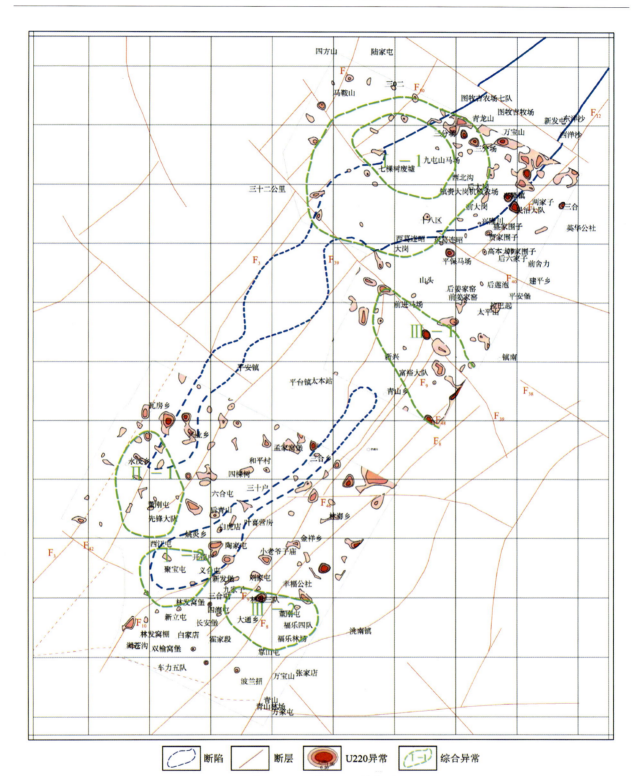

图 5-5 A 区块 U220 异常图

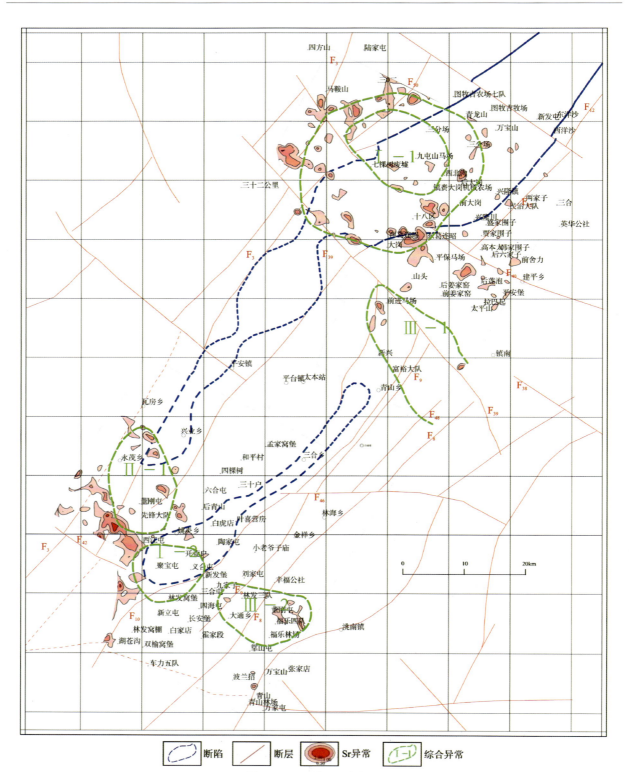

图 5-6 A 区块 Sr 异常图

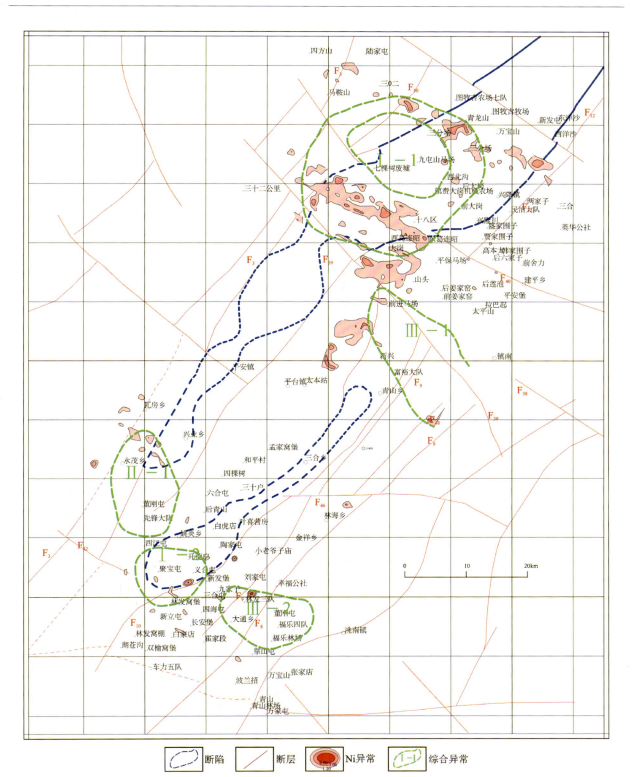

图 5-7 A 区块 Ni 异常图

5.2.2 B区块地球化学异常特征

5.2.2.1 酸解烃异常

如图5-8、图5-9所示，在B区块中部大安马场—东六合堂—五山堂—祝家窑一带（Ⅰ-1）、南部康家窝棚—大黑山—前大岗子一带（Ⅲ-1）以及陈家店—四平山—后夏家窝棚一带（Ⅱ-1）和后坐坦昭-后八方一带（Ⅲ-2）分布有规模较大的烃类异常。其中Ⅰ-1异常位于丰收镇断陷祝家窑地段内，呈块状展布，地下烃类组分通过垂直微渗漏至地表引起的，具微渗逸特征。重烃与甲烷异常的形态几乎完全一致，但重烃的规模比甲烷小、强度低，说明本区烃类以甲烷为主；Ⅱ-1异常位于通榆断陷北部，沿断裂呈北东向条带状分布；Ⅲ-1异常位于丰收镇断陷与通榆断陷之间，沿断裂呈北西向条带状分布；Ⅲ-2位于通榆断陷东部，沿断裂呈北西向条带状分布，在北西向与北东向断裂交会部位，异常强度最高，均具有渗逸特征。

烃类异常分布的总面貌反映了B区块有较丰富的油气聚集，异常与构造对应较好，地质条件有利，块状异常区和条带状异常交会区域是有利的油气聚集区。

对照烃类各指标异常图（图5-8、图5-9）可见，各异常位置、异常形态及高低起伏完全相符，异常突出而有规律性，表明其来源基本一致。结合干燥系数、湿度系数，说明B区块酸解烃的来源并非浅层沼气，而与深部油气有关。

5.2.2.2 蚀变碳酸盐异常

如图5-10所示，ΔC异常呈条带状、不规则状展布，具有中南高北低的特征。ΔC异常与C_1、C_{2+}异常重合性较好，在Ⅰ-1块状异常内部出现了面积较大的ΔC异常，与C_{2+}异常的范围相近，当土壤中的烃能得到深部来源不断补充时，吸附烃与ΔC具有共消长关系，而Ⅰ-1异常具有烃类与ΔC共消长的现象，说明ΔC与C_1、C_{2+}来源一致，是深部过成熟油气藏在地表的反映；在Ⅱ-1、Ⅲ-1和Ⅲ-2条带状异常及周边，出现了断续的北西向和北东向ΔC异常带，这些异常带代表深部烃类向上逸出活动最强的地区。部分ΔC与C_1、C_{2+}异常高值点重合，即两者呈共消长关系，这类异常点意义最大，它们是深部油气在地表的直接指示。

5.2.2.3 其他指标异常

如图5-11、图5-12所示，F360异常和U209异常重合性较好，呈条带状、不规则状展布，具有南北高、中间低特征，在Ⅱ-1异常内出现了强度较高的南北向异常带，是北西向与北东向断裂共同作用的结果，受断影响较大，与C_1、C_{2+}、ΔC异常部分重合性较好，说明该地段F360异常和U209异常受断裂影响较大。

如图5-13所示，Sr异常与C_1、C_{2+}环状异常重合性较好，在Ⅰ-1块状异常内Sr异常呈块状展布，指示油田水的分布范围，预示着C_1、C_{2+}异常内聚集油气田的最大范围；在Ⅱ-1、Ⅲ-1和Ⅲ-2异常内呈条带状展布，与北西向和北东向断裂分布基本吻合，说明沿断裂带地下水活动较为强烈。

如图5-14所示，Ni异常呈条带状、不规则状展布，分布范围广，强度高。在Ⅰ-1异常内出现了不规则状的异常区，与C_{2+}异常分布范围基本一致，是由于油气田微渗漏烃引起的上覆盖层及土壤层地球化学环境发生改变，是Ni有利富集地段，对下伏油气田有很好的指示作用；Ni异常在Ⅱ-1、Ⅲ-1和Ⅲ-2异常内呈条带状展布，与北西向和北东向断裂关系密切，是油气田渗逸到地表的主要通道。

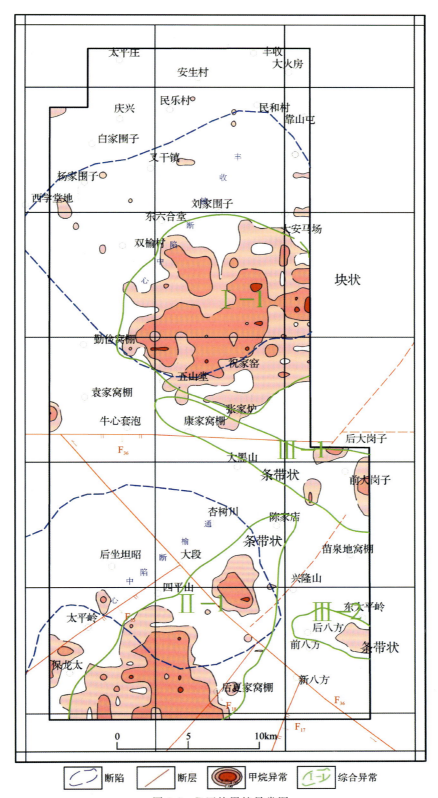

图 5-8　B 区块甲烷异常图

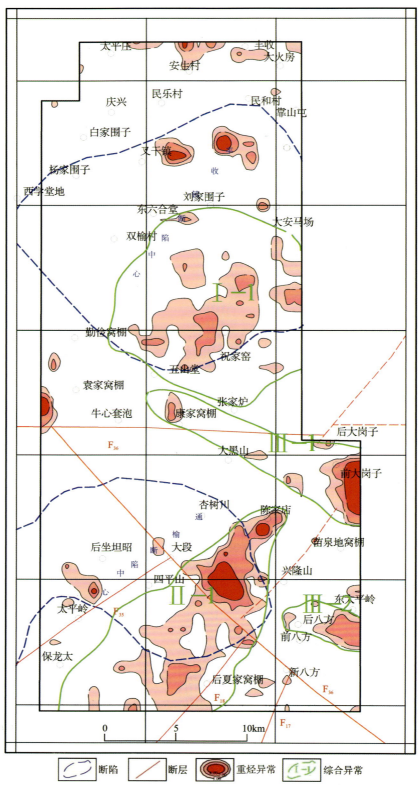

图 5-9 B 区块重烃异常图

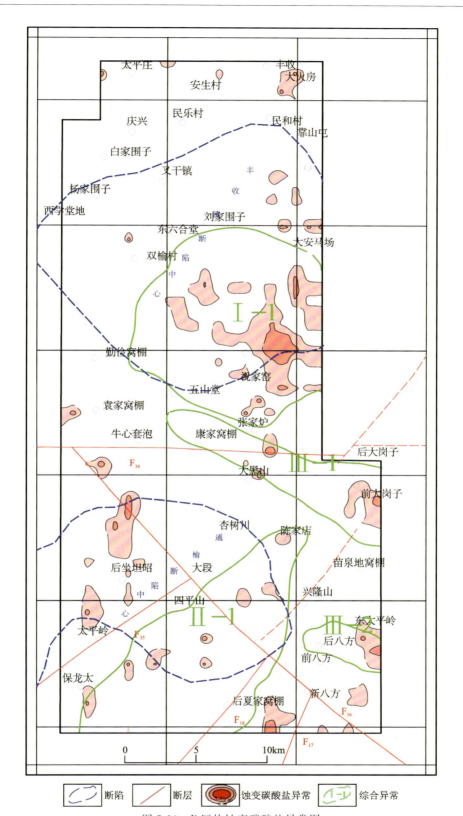

图 5-10　B 区块蚀变碳酸盐异常图

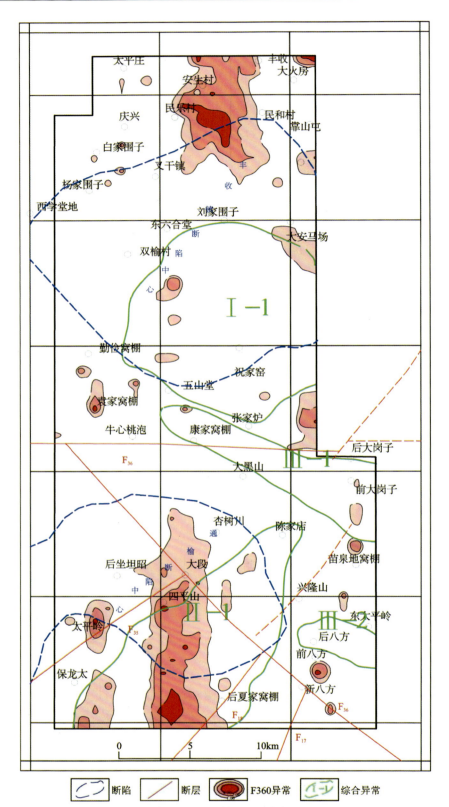

图 5-11 B 区块 F360 异常图

5 地球化学异常特征及模式研究

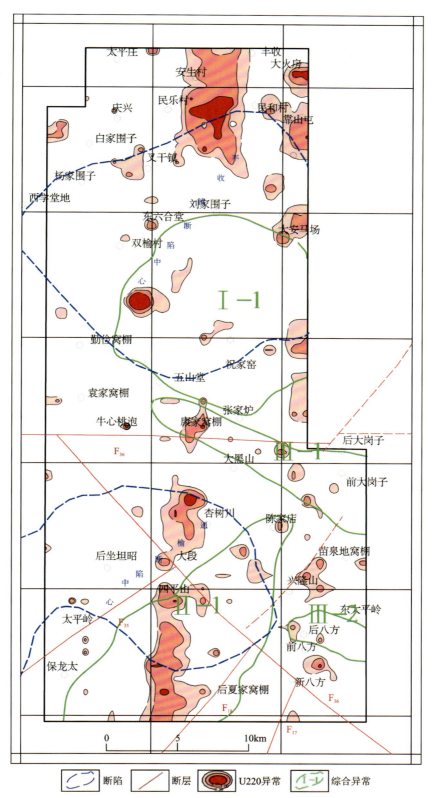

图 5-12 B 区块 U209 异常图

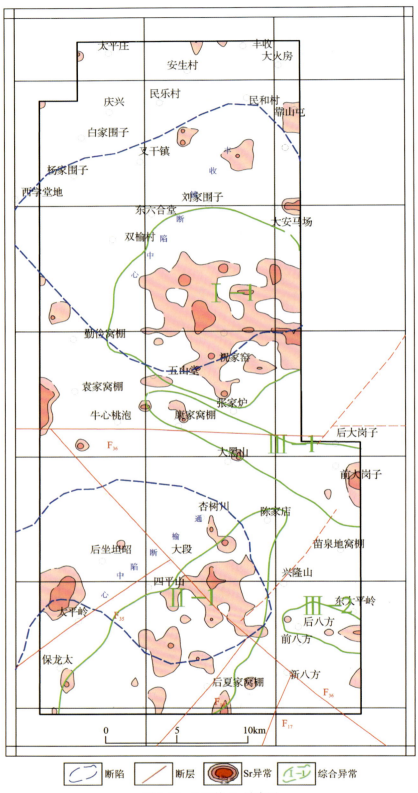

图 5-13　B 区块 Sr 异常图

5 地球化学异常特征及模式研究

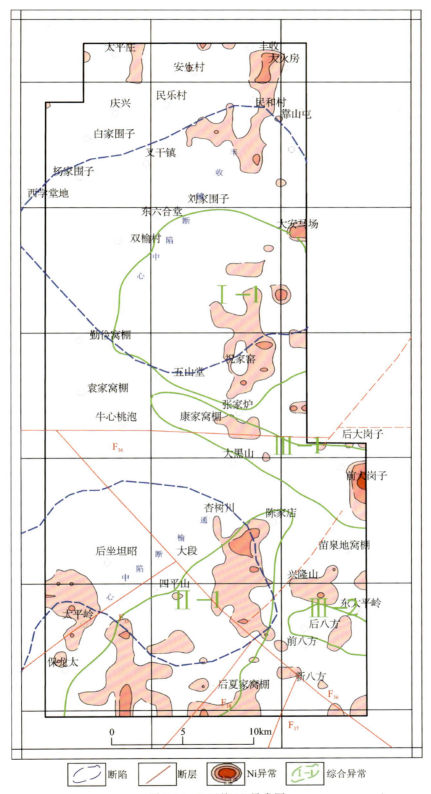

图 5-14 B 区块 Ni 异常图

综合 A 区块和 B 区块指标地球化学异常特征认为，研究区异常分布具有散而集中的特点，异常的强度和衬度差异也很大，说明控制异常形成的地质因素比较复杂，具有多样性。异常的区域分布主要受以下因素制约。

（1）沉积环境：近地表化探异常在平面上的分布，主要集中在平安镇断陷七棵树和永茂乡、青山镇断陷西南张家屯、丰收镇断陷内祝家窑和通榆断陷陈家店-四平山，基本位于河湖过渡带区，包括三角洲、三角洲前缘及滨浅湖区，而这些沉积岩相恰是该区油气赋存的主要空间。

（2）构造特征：不同构造单元化探指标强度及其异常的离散程度差异性明显，如平安镇断陷、丰收镇断陷基底之上覆盖着二叠系至第四系沉积物，长期处于较稳定沉降的地区，是主要生油区和含油气区。化探指标含量总体变化幅度不一，高低起伏较大，异常比较稳定，异常点相对较多，具有中背景、高离差的特点。研究区异常受基底断裂控制，形成了北东向和北西向的条带状异常。该区分布有众多的侏罗系断陷，是石油和煤型气的聚集场所。白垩系在局部凹陷中具有生油能力，局部构造发育。

区内化探异常或异常点在空间分布上呈条带状、环状展布，具有明显的方向性，显然与油气以断裂为通道向上运移有关。

（3）封盖与储层条件：沉积地层具有非均质性。泥页岩作为盖层，不论在横向还是在纵向的分布都有一定范围。碎屑沉积岩孔隙半径远大于烃类和无机离子的有效直径，有利于烃类的扩散。同时，含油气地区或圈闭上发生的后生断层常表现为单层拉开，扩大了微裂缝系统，使盖层封隔性能发生变化，促进了近地表化探异常的形成。

研究区储集空间丰富的油源和良好的孔渗是化探异常形成的先天条件，化探异常比较集中的地段基本上位于生油凹陷周边及油气运移的指向地区。

在上述因素综合影响下，化探异常点或异常点群在遍布全区分布的背景下，具有相对集中出现的现象。前者反映了化探指标含量在区域上的总体变化，后者是由局部地质因素引起的变异，但仍属于总背景范围内的变化，异常是成油环境与油气条件的反映，具有良好的含油性或找油气远景，其中双环状、环状、块状异常内部和条带状异常交会部位是寻找油气的有利聚集区带，是值得进一步勘探的有利区域。

5.3　近地表化探异常模式的研究

地表化探异常模式是一种把地下的油气藏与地表的多指标化探异常在空间上或成因上表达的方式。依据研究区地表地球化学异常特征，其异常的形态可以围绕着油田边缘呈连续或断续的环带状，也可以在油田上方呈顶端块状，在断裂发育地区异常可以沿着断层延伸方向，呈条带状分布，而在油田上方却没有明显的异常。在同一地区不同指标的异常分布形态不同，甚至同一指标在同一地区的不同油气藏上方也可能出现不同的异常形态。

依据研究区地球化学异常特征，将化探异常形态归纳为块状、单环状、偏心双环状、条带状模式（图5-15）。

（1）块状模式（图 5-15A）。地表异常呈面积性展布，周边的高值带不明显，出现这种模式的条件是油气受深部不整合面控制，盖层断裂不发育，比较均匀而且有一定的透水性，地表的土壤有较高的保存能力。在平面上呈不规则椭圆形，剖面上常呈斜梯形，缓边位于油气层倾斜方向，陡边位于不整合面油气藏边界上方。

（2）单环型（图 5-15B）。地表异常呈环形展布，周边高值带明显，这种模式一般出现在构造简单，圈闭条件较好，环异常范围一般与油气区对应，周边的高值带指示油水边界，即环状异常区与油气藏空间位置较吻合，表明油气藏上方环状异常具有普遍性和指示意义，而且大多数地层、岩性、水动力圈闭油藏均具这类异常模式。

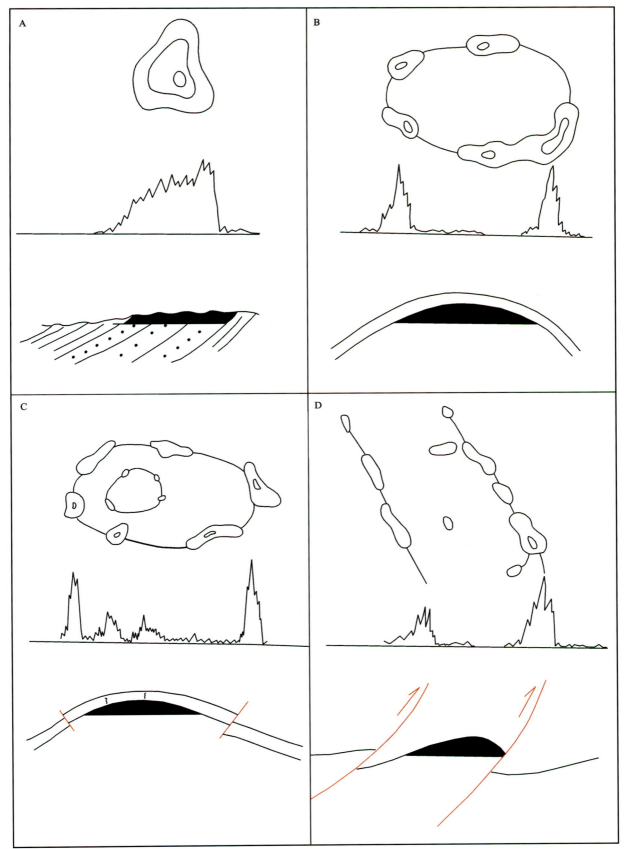

图 5-15　研究区油气地表化探异常形态模式示意图

(3) 偏心双环型(图 5-15C)。地表异常呈偏心双环状展布,在断块发育区、岩性变化复杂区,由于油气富集区,基本的构造可能提供初步聚集条件,产生强度较高的断续高值带的大环模式,但在油气富集部位受微裂隙控制,地下烃类组分沿微裂隙形成轻度较低的断续高值带的内环模式。

(4) 条带状型(图 5-15D)。地表异常呈条带状展布,在断裂发育区,油气往往聚集在两条断裂之间的夹片中,断裂一般经过油藏,使其中的烃类上升到地表,形成强烈的条带状异常,当多条不同方位断层经过油藏,形成复合型异常模式。

5.4 化探异常成因机理讨论

烃类垂向微运移是地表油气化探的理论基础,这种运移被运移过程中所处物理、化学环境所制约和影响。烃类浓度烃源、压力梯度、水动力、温度梯度、孔隙度及微裂缝系统的综合配置是烃类垂向微运移强度、速度、规模的首要控制因素或造成运移的重要条件。

地表地球化学场分布特征及异常特征表明了油气垂向运移是客观存在并具有规律性变化特征,具有较高毛细管排替压力的盖层对宏观油相或油气泡具有阻挡效能,但对于微量水溶态轻烃的混相运移,可以通过微裂缝网络向上运移至近地表形成化探异常。现就烃类微运移的介质、动力、方式、通道、模式等进行初步讨论。

5.4.1 运移介质条件

油层水(边水)具有高矿化度、高烃浓度、强活动性,以及水溶烃易于上渗和运移阻力大大小于油气相的特点,决定了水作为烃类垂向运移的最理想载体,它是烃类运移的主要介质。

5.4.2 运移动力

打破相平衡使烃类向上运移需要相当的动力源。垂向压力梯度为水平压力梯度的 100 倍,是烃类垂直向上运移的主要动力并形成化探异常;水头压力(水动力)也是重要的动力源;水中溶有高浓度烃类,产生了与近地表的浓度差,由高浓度向低浓度球状扩散运移并形成地球化学场背景;烃类气体密度小于水,即动力差产生烃类向上运移的浮力;温度差主要提高烃在水中溶解度并产生热能,也可作为间接动力源。压力差、温差、浓度差、水动力和浮力是烃类向上运移的动力源,并认为压力差、水动力等为烃类向上运移形成化探异常的主要动力。

5.4.3 运移方式

烃类运移方式主要为渗透、扩散和上浮重力分异。

渗透作用是指因压力差而造成烃类通过连通微裂缝或孔隙等通道呈连续流方式产生的运移作用,是形成化探异常的主要机制。

扩散作用是由烃类浓度差引起的自高浓度区向低浓度区转移以达到浓度平衡的作用过程。它是油气运移的普遍现象,不是化探异常形成的主要机制,只是在盆地中形成了地球化学场背景。

水动力作用是指溶解于水中的烃类随地下水一起通过孔隙或微裂缝向上运移的作用。烃类在水中的溶解度很低,对油气的初级及二次运移的意义不大,甚至无足轻重。但是对于三次运移来说意义重大,因为对于油气化探 10^{-6}~10^{-9} 级的高灵敏度仪器来检测这些"微量"烃类却具有可辨的异常显示,具有足够的量值。它也是形成化探异常的重要机制。

5.4.4 运移通道

油气藏上方不同岩性、不同深度均广泛发育微裂缝系统，而且在油田边界附近最为发育。它是垂向运移的主要通道。通过盖层微裂缝的扩散和渗滤的油气组分是很缓慢的，不能解释异常的形成和消失。因此，推断微裂缝系统是形成异常的主要运移通道。

5.4.5 概念模式

通过大量研究成果表明，不同深度、不同岩性岩层中均大量存在微裂缝，而且具有继承性、连通性好。微裂缝高密度带一般位于圈闭边缘或翼部，较好地解释了普遍存在的油气藏上置环状异常。化探异常高值带一般与油水边界对应较好，以及水的较小表面能和高的活动性，使之成为最理想的运移介质。

地表化探异常的形成以水为主要介质，在压力和温度梯度及浮力作用下，水溶液及胶体呈混相以渗透方式为主，沿网状裂缝系统向上间隙式微运移（图 5-16）。

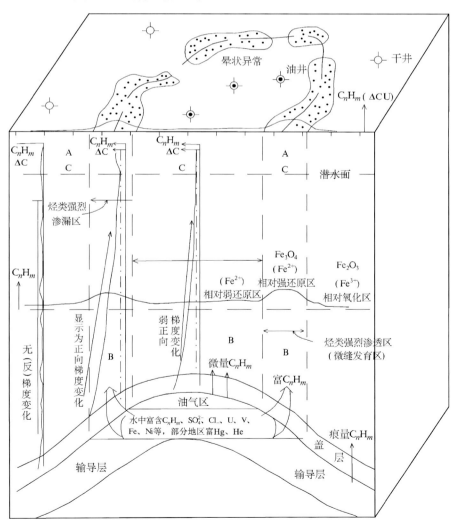

图 5-16 油气化探基本异常（环）形成机理示意图

A. 近地表蚀变碳酸盐形成区：$CH_4 + O_2 \longrightarrow CO_2 + H_2O$
$$CaAl_2Si_6O_6 + CO_2 \longrightarrow CaCO_3 + 6SiO_2 + Al_2O_3$$

B. 黄铁矿、磁铁矿、菱铁矿化区：
$$2CH_2O(厌氧细菌) + SO_4^{2-} \longrightarrow 2HCO_3^- + H_2S$$
$$Fe_2O_3 + 2H_2S \longrightarrow FeS_2 + FeO + 2H_2O$$
$$Fe_2O_3 + C_nH_m \longrightarrow Fe_3O_4 + FeO + CO_2 + H_2O \longrightarrow Fe_3O_4 + FeCO_3$$

C. 近地表矿化蚀变区：$Fe_2O_3 + C_nH_m \longrightarrow Fe_3O_4 + FeCO_3 + H_2O$
$$Fe(OH)_3 + C_nH_m \longrightarrow Fe_3O_4 + FeCO_3 + H_2O$$

6 综合异常解译推断及油气聚集区(带)的划分

油气藏中的烃类物质在各种动力作用下,沿着裂隙网络垂向微运移至近地表,引起地球化学效应、物理效应和生物效应。借助于精密的分析仪器和先进的实验测试技术从土壤、岩石、气体、水体及植物等介质中检测烃类及其伴生物和蚀变产物,根据浅层地球化学效应特征,结合石油地质和地球物理成果,预测和评价有利的含油气远景区(带),指出油气聚集区(带)和钻探目标。

6.1 综合异常解译推断

烃类垂向微渗透理论指出,油气藏中的烃类组分在各种驱动作用下,呈气相以垂直方式为主向地表运移;烃类运移途径是地层中发育的微裂隙、节理、不整合面,构造等;烃类在运移过程中和到达地表后产生一系列地球化学异常,地表异常呈块状、双环状、环状和条带状展布。以此理论为依据,对不同区块的综合异常进行解译与评价。

6.1.1 A 区块异常的解译推断

6.1.1.1 Ⅰ-1 异常

异常位于大岗—后大岗—马鞍山一带,面积 596.57km^2,地貌景观为冲洪积平原区、丘陵草原区及湖沼沉积区。

1)地质概况

Ⅰ-1 异常位于平安镇断陷北东部的七棵树地段,受北东、北西向断裂控制,处于鼻状隆起带上;表层被第四系(Qp^{al}、Qp^{al}、Qh^{fl}、Qh^{eol})黄土覆盖。平安镇断陷内保存有较完整的侏罗系、白垩系,其中侏罗系暗色泥岩和白垩系的暗色泥岩、油页岩有较好的生油生气能力,是主要的烃源岩。该区侏罗系发育半环状展布的大型砂体,为储集层;其上部白垩系的泥岩为良好的盖层。异常内地质构造简单,圈闭条件好,生、储、盖发育。

2)异常特征

Ⅰ-1 异常呈偏心双环状展布,指标组合为 C_1-C_{2+}-ΔC-Sr-Ni-F360-U220,以烃类异常为主,C_1、C_{2+}、ΔC 强度高。标准化 C_1、C_{2+}、ΔC 平均值分别为 4.92μL/kg、5.08μL/kg、1.47%;最高值分别为 36.36μL/kg、41.04μL/kg、3.74%;衬度分别为 5.78、5.65、1.84;规模分别为 595.78、581.46、452.10;原始数据最高值分别为 1 333.50μL/kg、294.50μL/kg、5.63%(表6-1)。

如图 6-1 所示,平面图上 C_1、C_{2+} 异常呈偏心双环状展布,C_1、C_{2+} 异常相互间叠合较好,与平安镇断陷七棵树地段相对应,凹陷周边断裂发育,油气通过断裂渗逸到地表,形成了偏心双环状分布;ΔC 异常总体呈断续的条带状展布,但在环状异常西南部,异常梯度变化较大,呈北西向条带状展布,是深部烃类向上逸出活动最强的地区;F360 异常、U220 异常在环状异常均有分布,东北部异常强度最高;Ni 异常主要分布于环状异常内环的南、北两侧,呈条带状展布,与断裂关系密切;Sr 异常与 C_1、C_{2+} 环状异常重合性

表 6-1 综合异常指标特征值表

异常编号	指标组合	异常面积 (km²)	异常点数	实测值特征值			标准离差	标准化特征值			
				最小值	最大值	平均值	最高值	平均值	标准离差	异常面积 (km²)	衬度	异常规模	变异系数

异常编号	指标组合	异常面积(km²)	异常点数	最小值	最大值	平均值	最高值	平均值	标准离差	异常面积(km²)	衬度	异常规模	变异系数
I-1	C₁	596.57	103	2.20	1333.50	78.30	36.36	4.92	6.31	103	5.78	595.78	1.28
	C₂₊		103	29.55	294.50	15.56	41.04	5.08	6.86	103	5.65	581.46	1.35
	ΔC		123	0.19	5.63	2.19	3.74	1.47	0.56	246	1.84	452.10	0.38
	Sr		82	177.40	1319.70	398.53	6.43	2.91	1.23	82	1.94	158.82	0.42
	Ni		100	6.00	61.60	24.57	6.06	2.36	0.81	100	1.58	157.63	0.34
	F360		49	0.30	282.00	44.61	6.17	2.61	1.19	49	1.87	91.40	0.46
	U220		31	11.00	3492.00	526.56	7.80	2.22	1.22	31	1.71	52.88	0.55
I-2	C₁		85	4.60	1111.00	122.38	36.07	4.68	4.87	85	5.51	468.12	1.04
	C₂₊		83	41.79	258.90	28.46	32.03	4.75	4.71	83	5.28	438.46	0.99
	ΔC	84.75	2	0.13	3.96	1.14	2.32	2.28	0.03	4	2.85	11.41	0.01
	Ni		31	172.20	1499.40	381.57	7.39	2.46	1.23	31	1.64	50.83	0.50
	Sr		19	3.00	4193.00	555.64	4.94	3.11	1.16	19	2.07	39.40	0.37
	U220		16	9.00	1627.50	354.16	4.38	2.62	0.91	16	2.01	32.24	0.35
	F360		13	1.00	277.70	29.93	9.81	3.09	2.15	13	2.21	28.72	0.69
II-1	C₁		88	2.60	852.50	80.05	24.50	4.80	4.70	88	5.64	496.73	0.98
	C₂₊		83	29.35	235.80	16.85	29.15	4.91	5.13	83	5.45	452.76	1.04
	ΔC	144.77	14	0.11	3.48	1.77	1.85	1.24	0.32	56	1.55	86.80	0.26
	Sr		51	173.40	1222.00	353.67	7.69	3.02	1.52	51	2.01	102.63	0.50
	U220		31	15.00	1652.00	374.99	4.57	2.08	0.83	31	1.60	49.58	0.40
	F360		13	0.10	274.60	23.66	9.83	2.85	2.10	13	2.04	26.48	0.74
	Ni		13	6.70	45.00	19.48	3.71	2.12	0.62	13	1.42	18.40	0.29

续表 6-1

异常编号	指标组合	异常面积 (km²)	异常点数	实测值特征值				标准化特征值				
				最小值	最大值	平均值	最高值	平均值	标准离差	异常面积(km²)	衬度	异常规模	变异系数
Ⅲ-1	C₁	204.61	71	4.00	5 033.20	215.80	51.90	10.85	12.77	71	12.76	905.92	1.18
	C₂₊		69	98.83	809.40	47.42	50.59	10.24	11.87	69	11.38	785.33	1.16
	ΔC		31	0.12	4.53	1.47	4.93	1.53	0.79	62	1.91	118.22	0.52
	Se		30	0.03	0.42	0.11	9.04	2.87	1.65	30	2.21	66.21	0.57
	U220		25	12.00	5 380.00	526.10	13.78	3.32	3.39	25	2.55	63.82	1.02
	F360		21	0.20	196.00	35.84	6.67	2.94	1.37	21	2.10	44.09	0.47
	Sr		13	140.70	1 096.50	288.11	5.40	2.66	1.11	13	1.77	23.02	0.42
	Ni		10	6.30	48.80	20.98	4.29	2.29	0.81	10	1.53	15.25	0.35
Ⅲ-2	C₁	110.47	44	3.40	2 053.00	182.39	68.49	8.10	11.90	44	9.53	419.13	1.47
	C₂₊		42	107.59	970.20	45.96	75.88	8.57	14.02	42	9.52	399.81	1.64
	ΔC		28	0.22	3.96	1.28	4.09	1.68	0.92	28	2.10	58.71	0.55
	F360		14	0.60	291.50	34.22	10.24	2.82	2.14	14	2.02	28.25	0.76
	Sr		16	190.80	736.00	317.31	3.80	2.21	0.69	16	1.47	23.58	0.31
	U220		4	10.50	2 845.50	354.49	8.36	3.54	2.83	4	2.72	10.88	0.80
	Se		5	0.03	0.21	0.08	4.00	2.43	0.88	5	1.87	9.36	0.36
	Ni		2	6.50	42.70	17.70	8.48	5.10	3.38	2	3.40	6.80	0.66

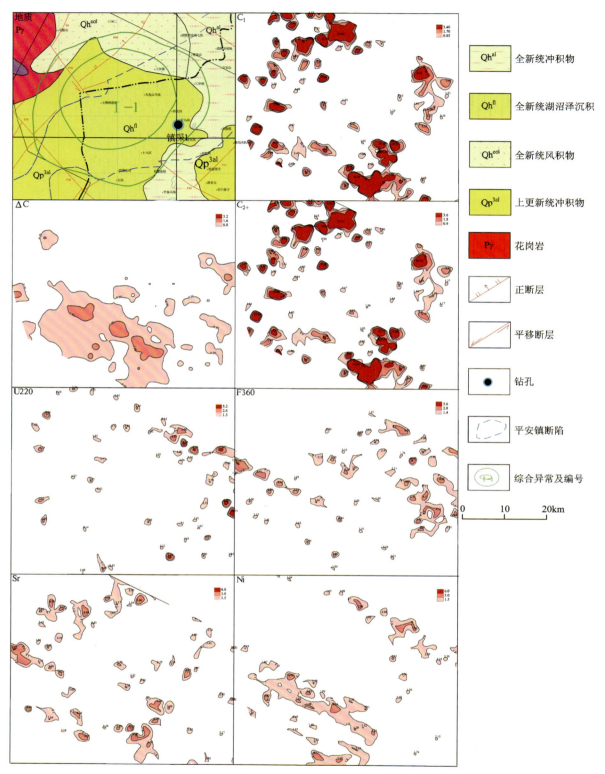

图 6-1 Ⅰ-1 异常剖析图

较好,两者相关性较好,Sr异常的范围指示了油气田的最大范围,而且与断裂关系密切,对断裂位置具有重要的指示意义。

3)解释推断与评价

该环状异常连续稳定并呈偏心双环状,形态与平安镇断陷七棵树地段凹陷对应,反映了凹陷基本完整;异常指标组合复杂,其中C_1、C_{2+}套合好,为深部油气在地表的直接反映;C_1、C_{2+}、ΔC异常强度高、分带明显、范围大,反映了该凹陷生、储、盖地质条件具备并发育较完整,赋存一定规模的油气藏。综上所述,该异常是平安镇断陷内赋油气最有利地段,是最有利找到油气资源的地区。

在异常内完成钻孔镇深一井(图6-1),在1263~1276m内测得有机碳0.16%~0.21%之间、生烃潜量0.64~0.69之间、氢指数248~309之间、最高热解峰温438~441之间,具有较好的油气显示。勘探实践证明,化探成果选定的异常是可靠的。

6.1.1.2　Ⅰ-2异常

Ⅰ-2异常位于林发窝堡—义合屯—西江屯一带,面积84.75km²,地貌景观为冲洪积平原区和湖沼沉积区。

1)地质概况

Ⅰ-2异常位于青山镇断陷西南部,此断陷周边断裂发育;表层被第四系(Qp^{al}、Qh^{fl})黄土覆盖。青山镇断陷内保存有较完整的侏罗系、白垩系,其中侏罗系暗色泥岩和白垩系的暗色泥岩、油页岩有较好的生油生气能力,是主要的烃源岩。该区侏罗系发育半环状展布的大型砂体,为储集层;其上部白垩系的泥岩为良好的盖层。异常内地质构造简单,圈闭条件好,生、储、盖发育。

2)异常特征

Ⅰ-2异常呈连续环状分布,指标组合为C_1-C_{2+}-ΔC-Ni-Sr-U220-F360,以烃类异常为主,C_1、C_{2+}异常强度高。标准化C_1、C_{2+}平均值分别为4.68μL/kg、4.75μL/kg;最高值分别为36.07μL/kg、32.03μL/kg;衬度分别为5.51、5.28;规模分别为468.12、438.46;原始数据最高值分别为1 111.00μL/kg、258.90μL/kg(表6-1)。

如图6-2所示,C_1、C_{2+}异常呈连续环状展布,C_1、C_{2+}异常相互间叠合较好,与青山镇断陷相对应,凹陷周边断裂发育,油气通过断裂渗逸到地表,形成了环状分布。ΔC、F360、U220、Sr、Ni异常呈星点状、不规则状展布,规模较小。

3)解释推断与评价

该环状异常连续稳定,形态与青山镇断陷西南部对应;异常C_1、C_{2+}套合好,强度高、分带明显、范围较大,为深部油气在地表的直接反映;反映了该凹陷生、储、盖地质条件具备并发育较完整,赋存一定规模的油气藏。综上所述,该异常是青山镇断陷内赋油气最有利地段,是最有利找到油气资源的地区,值得勘探验证。

6.1.1.3　Ⅱ-1异常

Ⅱ-1异常位于先锋大队—董刚屯—永茂乡—后青山一带,面积144.77km²,地貌景观为冲洪积平原区和湖沼沉积区。

1)地质概况

Ⅱ-1异常位于平安镇断陷西南部及外围,此断陷周边断裂发育;表层被第四系(Qp^{al}、Qh^{fl})黄土覆盖。异常区北部内保存有较完整的侏罗系、白垩系,其中侏罗系暗色泥岩和白垩系的暗色泥岩、油页岩有较好的生油生气能力,是主要的烃源岩。该区发育半环状展布的大型砂体,为储集层;其上部白垩系的泥岩为良好的盖层。异常内地质构造简单,圈闭条件好,生、储、盖发育。

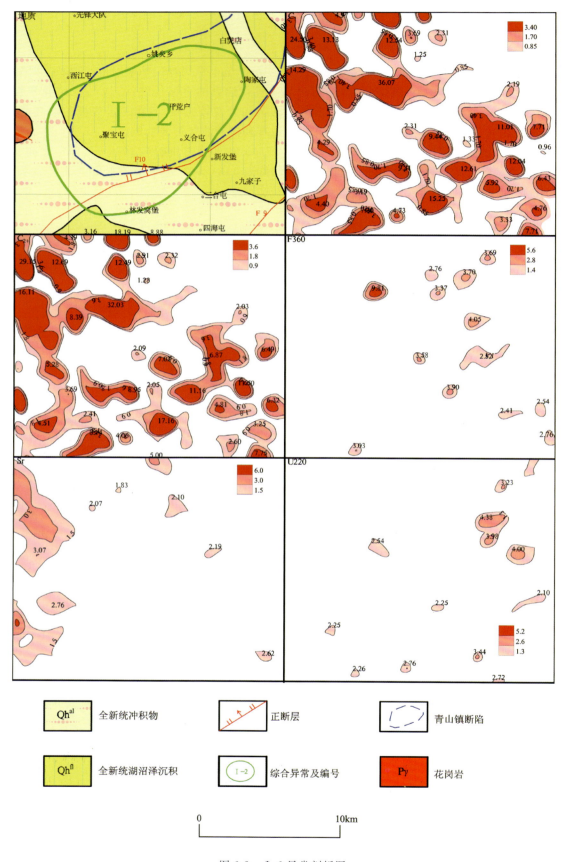

图 6-2　Ⅰ-2 异常剖析图

2)异常特征

Ⅱ-1异常呈断续环状分布,指标组合为C_1-C_{2+}-ΔC-Sr-U220-F360-Ni,以烃类异常为主,C_1、C_{2+}强度高。标准化C_1、C_{2+}平均值分别为4.80μL/kg、4.91μL/kg;最高值分别为24.50μL/kg、29.15μL/kg;衬度分别为5.64、5.45;规模为496.73、452.76;原始数据最高值分别为852.50μL/kg、235.80μL/kg(表6-1)。

如图6-3所示,C_1、C_{2+}异常呈断续环状展布,异常相互间叠合较好。异常周边断裂发育,油气通过断裂渗逸到地表,形成了环状分布;ΔC在异常西南部呈不规则面状展布,是深部烃类向上逸出活动最强的地区;Sr与C_1、C_{2+}异常重合性较好,呈正相关,Sr异常的范围指示了油气田的最大范围,而且与断裂关系密切,对断裂位置具有重要的指示意义;Ni、F360、U220异常呈星点状、不规则状展布,规模较小。

3)解释推断与评价

该环状异常连续稳定,位于平安镇断陷西南部及外围;C_1、C_{2+}异常强度高、分带明显、范围较大,为深部油气在地表的直接反映,反映了该凹陷生、储、盖地质条件具备并发育较完整,赋存一定规模的油气藏。综上所述,该异常是平安镇断陷西南部油气在地表的直接反映,是有利找到油气资源的地区,值得进一步工作。

6.1.1.4　Ⅲ-1异常

Ⅲ-1异常位于前进马场—富裕大队一带,面积204.61km²,地貌景观为冲洪积平原区和湖沼沉积区。

1)地质概况

Ⅲ-1异常位于平安镇断陷东南部;断裂发育;表层被第四系(Qp^{3al}、Qh^{fl})黄土覆盖。

2)异常特征

Ⅲ-1异常呈条带状分布,东南部未封闭,指标组合为C_1-C_{2+}-ΔC-U220-F360-Sr-Ni,以烃类异常为主,C_1、C_{2+}强度高,标准化C_1、C_{2+}平均值分别为10.85μL/kg、10.85μL/kg;最高值分别为51.90μL/kg、50.59μL/kg;原始数据最高值分别为5 033.20μL/kg、809.40μL/kg(表6-1)。

C_1、C_{2+}异常呈条带状展布,异常相互间叠合较好。ΔC呈不规则状展布,强度较低;Sr、Ni、F360、U220异常呈点状分布;规模较小。

3、解释推断与评价

异常C_1、C_{2+}套合好、强度高、分带明显,呈条带状分布并与断裂构造在空间上相吻合,为油气沿断裂构造渗逸至地表的直接反应;在断裂交会部位,异常强度较高,所以推断该异常为油气通过断层渗逸至地表所致,找油气藏意义不明。

6.1.1.5　Ⅲ-2异常

Ⅲ-2异常位于福乐四队—林发三队—大通乡—九家子一带,面积110.47km²,地貌景观为冲洪积平原区和湖沼沉积区。

1)地质概况

Ⅲ-2异常位于青山镇断陷南部;断裂发育;异常区表层被第四系(Qh^{fl})黄土覆盖。

2)异常特征

Ⅲ-2异常呈条带状展布,指标组合为C_1-C_{2+}-ΔC-F360-Sr-U220-Se-Ni,以烃类异常为主,C_1、C_{2+}强度高。标准化C_1、C_{2+}平均值分别为8.10μL/kg、8.57μL/kg;最高值分别为68.49μL/kg、75.88μL/kg;原始数据最高值分别为2 053.00μL/kg、970.20μL/kg(表6-1)。

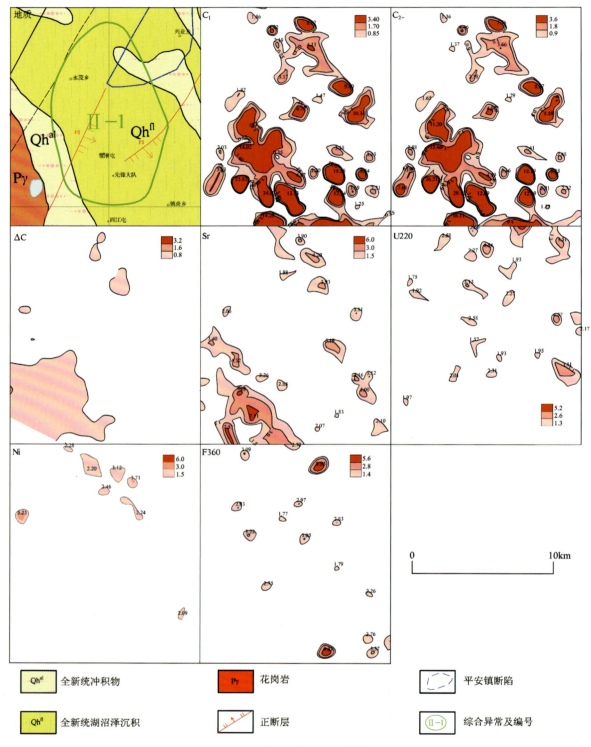

图 6-3　Ⅱ-1 异常剖析图

C_1、C_{2+}异常呈条带状分布,异常相互间叠合较好。ΔC呈不规则状展布,强度较低;Sr、Ni、F360、U220异常呈点状分布;规模较小。

3)解释推断与评价

异常C_1、C_{2+}套合好、强度高、分带明显,呈条带状分布并与断裂构造在空间上相吻合,为油气沿断裂构造渗逸至地表的直接反映;在断裂交会部位,异常强度较高,所以推断该异常为油气通过断层渗逸至地表所致,找油气藏意义不明。

6.1.2 B区块异常的解译推断

6.1.2.1 Ⅰ-1异常

Ⅰ-1异常位于大安马场—东六合堂—五山堂—祝家窑一带,面积178.22km²,地貌景观为冲洪积平原区和风积黄土区。

1)地质概况

Ⅰ-1异常位于丰收镇断陷祝家窑地段内,该盖层断裂不发育,表层被第四系(Qp^{al}、Qh^{eol})黄土覆盖。该地段内保存有较完整的侏罗系、白垩系,其中侏罗系暗色泥岩和白垩系的暗色泥岩、油页岩有较好的生油生气能力,是主要的烃源岩。该区侏罗系发育半环状展布的大型砂体,为储集层;其上部白垩系的泥岩为良好的盖层。异常内地质构造简单,圈闭条件好,生、储、盖发育。

2)异常特征

Ⅰ-1异常呈块状展布,东部未封闭,指标组合为C_1-C_{2+}-C_2H_4-Sr-ΔC-U209-Ni-F360,以烃类异常为主,C_1、C_{2+}、ΔC强度高。标准化C_1、C_{2+}、ΔC平均值分别为5.22μL/kg、2.88μL/kg、1.64%;最高值分别为13.36μL/kg、4.44μL/kg、3.03%;衬度分别为2.61、1.44、2.05;规模分别为300.03、93.52、137.29;原始数据最高值分别为147.04μL/kg、5.13μL/kg、4.50%(表6-2)。

如图6-4所示,平面图上C_1、C_{2+}异常呈块状展布,形态几乎完全一致,但C_{2+}异常的规模比C_1异常小、强度低,烃类以甲烷为主;地下烃类组分通过垂直微渗漏至地表,形成了块状异常;ΔC异常与C_1、C_{2+}异常共消长;F360、U220异常呈不规则状分布在块状异常的外围;Sr异常规模较大,强度较高,与C_1、C_{2+}异常呈正相关;Ni异常呈不规则状分布在块状异常的东南侧。综上各指标异常特征认为各指标在异常区以不同形式展布,是深部过成熟油气藏在地表的反映。

3)解释推断与评价

该块状异常形态反映了丰收镇断陷祝家窑地段基本完整;异常指标组合复杂,C_1、C_{2+}、ΔC、Sr异常强度高、分带明显、范围大,反映了该断陷生、储、盖地质条件具备并发育较完整,赋存一定规模的油气藏。综上所述,该异常是丰收镇断陷内的赋油气最有利地段,是最有利找到油气资源的地区,值得勘探验证。

6.1.2.2 Ⅱ-1异常

Ⅱ-1异常位于陈家店—四平山—后夏家窝棚一带,面积143.43km²,地貌景观为冲洪积平原区、湖沼沉积区和风积黄土区。

1)地质概况

Ⅱ-1异常位于通榆断陷中部,此断陷断裂发育;表层被第四系(Qp^{al}、Qh^{fl}、Qh^{eol})黄土覆盖。通榆断陷内保存有较完整的侏罗系、白垩系,其中侏罗系暗色泥岩和白垩系的暗色泥岩、油页岩有较好的生油生气能力,是主要的烃源岩。该区侏罗系发育半环状展布的大型砂体,为储集层;其上部白垩系的泥岩为良好的盖层。异常内地质构造简单,圈闭条件好,生、储、盖发育。

表 6-2 综合异常指标特征值表

异常编号	指标组合	异常面积 (km^2)	异常点数	实测特征值				标准化特征值					
				最小值	最大值	平均值	最高值	平均值	标准离差	异常面积 (km^2)	衬度	异常规模	变异系数
Ⅰ-1	C_1	178.22	115	12.28	147.04	55.03	13.36	5.22	2.59	115	2.61	300.03	0.50
	Sr		75	183.00	677.00	389.52	3.59	1.62	0.69	75	2.03	152.00	0.42
	ΔC		67	0.57	4.50	2.40	3.03	1.64	0.58	67	2.05	137.29	0.36
	U209		28	224.00	12 794.00	1 211.00	19.87	1.82	3.52	28	3.64	101.79	1.93
	C_{2+}		65	0.18	35.90	11.71	4.44	2.88	0.61	65	1.44	93.52	0.21
	Ni		41	4.76	44.60	18.88	4.68	1.55	0.71	41	1.93	79.30	0.46
	F360		19	0.16	236.03	26.15	7.84	2.53	1.52	19	2.30	43.67	0.60
	Ba		12	316.00	551.00	459.18	1.70	1.19	0.25	12	1.59	19.11	0.21
Ⅱ-1	C_1	143.43	69	11.43	343.12	66.47	12.82	5.33	2.49	69	2.67	183.89	0.47
	F360		63	0.79	226.02	69.34	7.46	2.79	1.61	63	2.54	159.81	0.58
	C_{2+}		73	0.47	89.19	14.17	13.86	4.08	2.79	73	2.04	148.96	0.68
	U209		43	86.00	3 186.00	1 347.00	3.30	1.54	0.74	43	3.07	132.02	0.48
	Ni		61	8.61	39.60	23.52	4.64	1.60	0.74	61	2.00	122.00	0.47
	Sr		51	180.00	594.00	363.86	3.17	1.48	0.57	51	1.84	94.04	0.39
	Ba		44	396.00	590.00	496.96	2.60	1.21	0.37	44	1.61	71.04	0.31
	ΔC		31	0.69	4.08	2.01	3.39	1.62	0.62	31	2.02	62.73	0.38
Ⅲ-1	C_{2+}	58.56	20	0.10	24.15	4.94	22.86	6.46	5.57	20	3.23	64.55	0.86
	Ni		18	3.71	44.70	17.33	6.08	1.93	1.21	18	2.41	43.46	0.63
	U209		13	568.00	3 034.00	1 375.00	3.03	1.64	0.69	13	3.29	42.77	0.42
	C_1		17	8.75	114.82	32.45	9.96	3.82	1.95	17	1.91	32.48	0.51
	ΔC		14	0.40	5.29	1.75	3.99	1.69	0.87	14	2.11	29.54	0.52
	Sr		16	149.00	525.00	284.19	4.29	1.43	0.84	16	1.79	28.63	0.59
	Ba		16	373.00	558.00	492.43	2.06	1.30	0.37	16	1.74	27.79	0.28
	F360		8	0.48	142.56	33.84	3.94	2.28	0.90	8	2.08	16.61	0.39

续表 6-2

异常编号	异常面积 (km²)	指标组合	异常点数	实测值特征值					标准化特征值			
				最小值	最大值	平均值	最高值	平均值	标准离差	异常面积(km²)	衬度	异常规模	变异系数
Ⅲ-2	14.52	C_{2+}	10	1.40	36.02	17.73	4.78	3.57	0.71	10	1.78	17.83	0.20
		Sr	6	207.00	537.00	366.40	2.39	1.52	0.53	6	1.90	11.42	0.35
		ΔC	5	0.65	3.58	2.13	2.42	1.65	0.60	5	2.07	10.33	0.36
		C_1	6	18.26	155.94	80.69	4.88	3.37	0.85	6	1.68	10.10	0.25
		Ba	5	395.00	587.00	499.07	2.67	1.44	0.69	5	1.92	9.62	0.48
		U209	3	876.00	2 292.00	1 273.00	1.75	1.43	0.41	3	2.85	8.55	0.29
		Ni	4	13.80	35.30	23.35	1.88	1.36	0.41	4	1.70	6.79	0.30
		F360	1	11.66	76.98	30.66	1.21	1.21	0.00	1	1.10	1.10	0.00

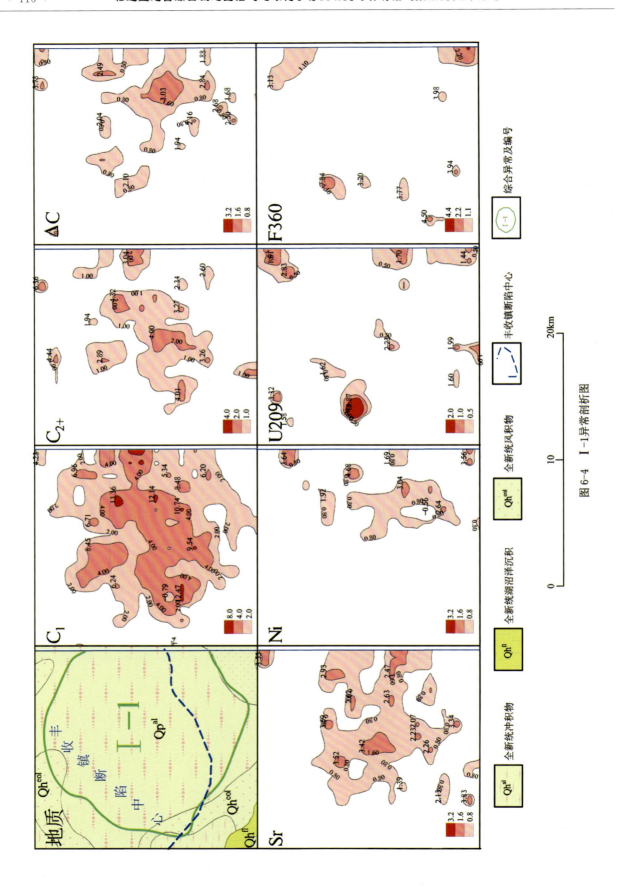

图 6-4 Ⅰ-1 异常剖析图

2）异常特征

Ⅱ-1异常呈连续北东向条带状分布,南部未封闭,指标组合为C_1-C_{2+}-F360-U209-Ni-Sr-Ba-ΔC,以烃类异常为主,C_1、C_{2+}异常强度高。标准化C_1、C_{2+}平均值分别为5.33μL/kg、4.08μL/kg;最高值分别为12.82μL/kg、13.86μL/kg;衬度分别为2.67、2.04;规模分别为183.89、148.96;原始数据最高值分别为343.12μL/kg、89.190μL/kg(表6-2)。

如图6-5所示,C_{2+}异常呈连续条带状分布、C_1异常呈断续条带状分布,C_1异常西南强东北弱、C_{2+}异常强度与之相反,C_1异常浓集中心呈北西向,C_{2+}异常浓集中心呈北东向;F360、U209异常规模大,呈南北向条带状展布,说明异常内分布有多条不同走向的断裂;Sr、Ni异常与C_1、C_{2+}异常呈正相关;ΔC异常在条带状异常内呈星点状分布。以上指标的分布特征说明异常内发育多条不同走向的断裂。

3）解释推断与评价

该异常连续稳定,形态与通榆断陷内北东向断裂对应;C_1、C_{2+}、Sr、Ni套合好,C_1、C_{2+}为深部油气在地表的直接反映;在与北西向断裂交会部位,烃类异常强度较高。异常强度高、分带明显、规模大,反映了该断陷生、储、盖地质条件具备并发育较完整,赋存一定规模的油气藏。综上所述,该异常是通榆断陷内赋油气比较有利地段,与北西向(Ⅲ-1、Ⅲ-2)条带状异常交会区域是比较有利的油气勘探区,值得进一步工作。

6.1.2.3　Ⅲ-1异常

Ⅲ-1异常位于康家窝棚—大黑山—前大岗子一带,面积58.56km^2,地貌景观为冲洪积平原区和风积黄土区。

1）地质概况

Ⅲ-1异常位于丰收镇断陷与通榆断陷之间;断裂发育;表层被第四系(Qp^{al}、Qh^{eol})黄土覆盖。

2）异常特征

Ⅲ-1异常呈断续北西向条带状分布,东部未封闭,指标组合为C_{2+}-Ni-U209-C_1-ΔC-Sr-Ba-F360-C_2H_4,以烃类异常为主,异常规模小,C_{2+}、C_1异常强度高。标准化C_1、C_{2+}平均值分别为3.82μL/kg、6.46μL/kg;最高值分别为9.96μL/kg、22.86μL/kg,原始数据最高值分别为24.15μL/kg、114.82μL/kg(表6-2)。

C_1、C_{2+}、U209异常呈断续条带状分布,异常规模较小,Ni、ΔC、Sr、Ba、F360呈星点状分布;规模较小。

3）解释推断与评价

异常呈断续条带状分布,异常规模小,异常呈条带状分布并与断裂构造在空间上相吻合,为油气沿断裂构造渗逸至地表的直接反映;所以推断该异常为油气通过断层渗逸至地表所致,找油气藏意义不明。

6.1.2.4　Ⅲ-2异常

Ⅲ-2异常位于后坐坦昭—后八方一带,面积14.52km^2,地貌景观为冲洪积平原区和湖沼沉积区。

1）地质概况

Ⅲ-2异常位于通榆断陷东部;断裂发育;表层被第四系(Qh^{fl}、Qh^{al})黄土覆盖。

2）异常特征

Ⅲ-2异常呈北西向条带状分布,东部未封闭,指标组合为C_{2+}-C_1-Sr-ΔC-Ba-U209-Ni-F360,以烃类异常为主,C_{2+}、C_1强度高。标准化C_1、C_{2+}平均值分别为3.57μL/kg、3.37μL/kg;最高值分别为4.78μL/kg、4.88μL/kg;原始数据最高值分别为155.94μL/kg、36.02μL/kg(表6-2)。

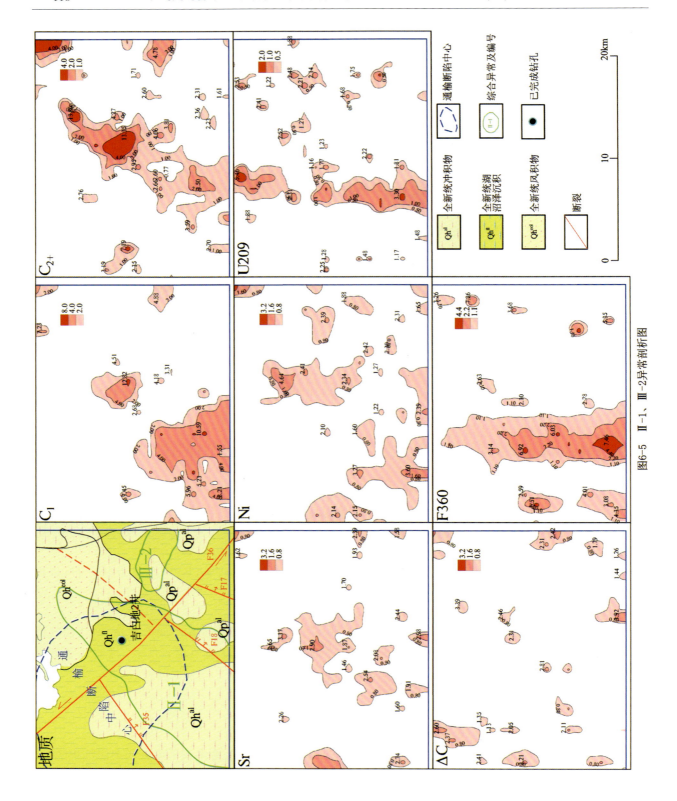

图6-5 Ⅱ-1、Ⅲ-2异常剖析图

如图6-5所示，C_1、C_{2+}、Sr异常呈条带状分布，异常规模较小，Ni、ΔC、Ba、F360、U209呈星点状分布。

3）解释推断与评价

该异常呈断续条带状分布、规模小，与断裂构造在空间上相吻合，为油气沿断裂构造渗逸至地表的直接反映；所以推断该异常为油气通过断层渗逸至地表所致，找油气藏意义不明。

6.2 油气有利聚集区（带）的划分

研究近地表化探指标的地球化学背景、空间变化规律及其与石油地质条件的关系，再结合地质特征，进行综合研究，舍弃无找油气价值的地区后确定油气有利聚集带（图6-6、图6-7）。有利聚集带是研究区进行油气勘探最有远景的地区，是寻找油气藏的重点靶区。

6.2.1 A区块有利聚集带

（1）七棵树—十八区—西葛连昭区（带）。位于平安镇断陷东北部的七棵树—十八区—西葛连昭地段，面积728.45km^2，主要由Ⅰ-1组成（图6-6）。已完成的镇深1钻孔在1263～1276m有较好的油气显示，该钻孔上有明显的化探晕圈效应，甲烷及重烃异常围绕断陷呈连续的环状分布，异常分布有序，指标组合齐全，主要指标异常点重合率高，各指标含量较高。异常的总体级别较高，综合评价参数认为该区带油气属性为油气型油气藏。

该区（带）位于平安镇断陷北东部的核心地段，受北东、北西向断裂控制，处于鼻状隆起带上；断陷内保存有较完整的侏罗系、白垩系，其中侏罗系沙河子组暗色泥岩和白垩系的暗色泥岩、油页岩有较好的生油生气能力，是主要的烃源岩，油源丰富。该区发育半环状展布的大型砂体，为储集层；其上部白垩系的泥岩为良好的盖层。异常沿生油断陷边缘分布，断陷内油源比较丰富，异常处于油源供给较为有利部位，是平安镇断陷油气勘查重视的有利区带。

（2）永茂乡—先锋大队—新立屯区（带）。位于永茂乡—先锋大队—新立屯地段，面积473.86km^2，主要由Ⅰ-2和Ⅱ-1异常组成（图6-6）。有利区带内油气沿断裂渗逸到地表形成环状异常，甲烷和重烃的异常点重合率较高，含量较高、重合性较好、分带明显、规模大，浓集中心明显，各异常在平面上的分布呈环状的形态类型。

该区（带）位于平安镇断陷西南部外围及青山镇断陷的林发窝堡—义合屯—西江屯地段，断陷周边断裂发育。青山镇断陷内保存有较完整的侏罗系、白垩系，其中侏罗系沙河子组暗色泥岩和白垩系的暗色泥岩、油页岩有较好的生油生气能力，是主要的烃源岩。该区发育半环状展布的大型砂体，为储集层；其上部白垩系的泥岩为良好的盖层。异常沿生油断陷边缘分布，断陷内油源比较丰富，该区（带）处于油源供给较为有利部位，是青山镇断陷油气勘查重视的有利区（带）。

6.2.2 B区块有利聚集带

（1）东六合堂—祝家窑—张家炉区（带）。位于丰收镇断陷东六合堂—祝家窑—张家炉地段，面积195.11km^2，主要由Ⅰ-1组成（图6-7）。该区（带）地下烃类组分通过垂直微渗漏至地表引起块状异常，重烃与甲烷异常的形态几乎完全一致，但重烃的规模比甲烷小、强度低；该区带甲烷分布范围广、含量高，烃类以甲烷为主；重烃与ΔC含量高值点部分重合，均分布在丰收镇断陷核心地段。区（带）内异常组合复杂、强度高、规模大、浓集中心明显，综合区带内各指标异常分布特征，认为该区内油气藏为深部过成熟油气藏。

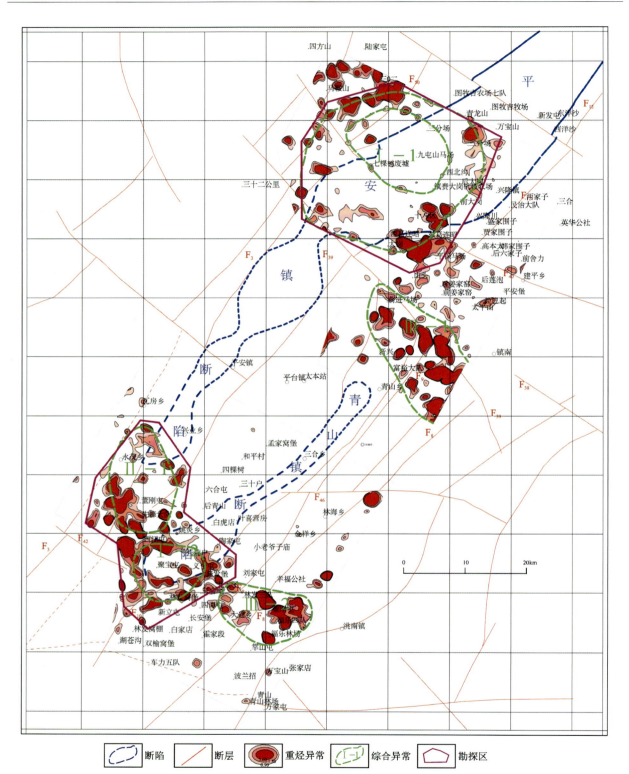

图 6-6　A 区块油气有利聚集带

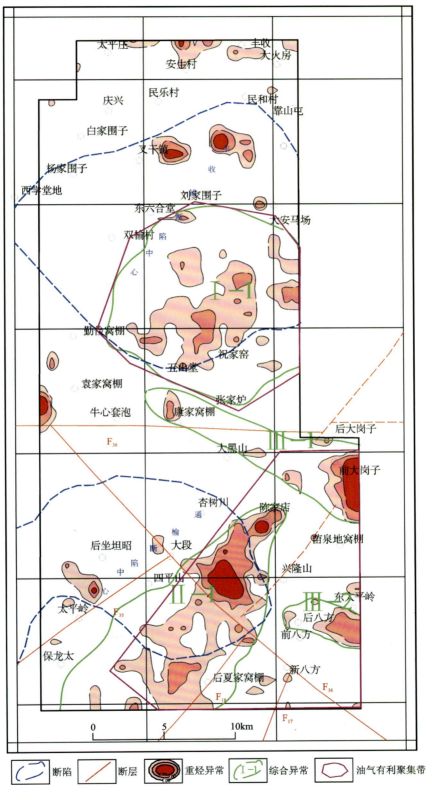

图 6-7 B 区块油气有利聚集带

该区(带)位于丰收镇断陷祝家窑核心地段,该盖层断裂不发育,保存有较完整的侏罗系、白垩系,其中侏罗系暗色泥岩和白垩系的暗色泥岩、油页岩有较好的生油生气能力,是主要的烃源岩。该区侏罗系发育半环状展布的大型砂体,为储集层;其上部白垩系的泥岩为良好的盖层。异常内地质构造简单,圈闭条件好,生、储、盖发育。异常沿生油断陷边缘分布,断陷内油源比较丰富,异常处于油源供给较为有利部位,是丰收镇断陷油气勘查重视的有利区带。

(2) 前大岗子—陈家店—四平山—新八方—东太平岭区(带)。位于通榆断陷中东部,面积275.97km^2,主要由Ⅱ-1和Ⅲ-2异常组成(图6-8)。该区(带)内油气沿断裂渗逸到地表形成北东向、北西向条带状异常,甲烷、重烃异常强度较高,但含量高值带分布位置不同,浓集中心明显,呈北东向和北西向展布,与断裂走向关系密切。该区(带)内其他有效指标均有分布,F360、U209异常规模大,呈南北向条带状展布;Sr、Ni异常与C_1、C_{2+}异常呈正相关;ΔC异常在条带状异常内呈星点状分布。

该区(带)断陷断裂发育,呈北东向、北西向展布。断陷内保存有较完整的侏罗系、白垩系,其中侏罗系暗色泥岩和白垩系的暗色泥岩、油页岩有较好的生油生气能力,是主要的烃源岩。该区发育半环状展布的大型砂体,为储集层;其上部白垩系的泥岩为良好的盖层。该区带处于油源供给较为有利部位,是通榆断陷油气勘查重视的有利区(带)。

化探工作之后,布置在区(带)内的吉白地2井自上而下钻遇地层为明水组(215～504m),岩性为棕红色、灰绿色泥岩;四方台组(504～604m)岩性为灰色、灰绿色、棕红色泥岩;嫩江组(604～814m)岩性为灰黑色、灰色泥岩、粉砂质泥岩;姚家组(814～930m)岩性为棕红色、灰色粉砂质泥岩;青山口组(930～1118m)岩性主要为灰黑色泥岩、粉砂岩;泉头组(1118～1496m)岩性为棕红色泥岩夹灰色泥岩、粉砂质泥岩,底部为砾岩(38m);营城组(1496～1812m)岩性为酸性凝灰岩、安山岩夹碎屑岩;花岗岩(1812～1872m);钻穿60m厚的灰白色花岗斑岩,进入林西组底部深度2252m:灰黑色红柱石斑岩、泥岩、灰绿色泥质粉砂岩(岩石破碎,被花岗岩脉、石英脉、方解石脉充填)。

油气显示方面,在该井姚家组、青山口组常规油气层中见岩屑显示5层,荧光占比30%～50%;气测异常19段(姚家组—泉头组),全烃最大:0.8607%,基值:0.0864%,比值:9.96;岩芯油气显示两段933.61～933.86m为油斑级别,935.04～939.84m为油斑级别(表6-3、图6-8、图6-9)。

吉白地2井在1872～2284.4m见二叠系暗色泥岩、板岩,累计厚度为139m,完成的样品的测试分析结果显示有机碳为0.77%～2.73%(图6-10),有机质丰度较高,具有较好的油气显示。勘探实践证明,化探成果选定的异常是可靠的。

图6-8 吉白地2井906m处姚家组荧光特征

图6-9 吉白地2井935.04～939.84m油气显示特征

表 6-3 吉白地 2 井气测数据表

序号	层位	井段(m) 顶深	井段(m) 底深	厚度(m)	岩性	钻时(min)	泥浆 黏度	泥浆 密度	全烃(%)	峰基比	组分含量(%) CH_4	C_2H_6	C_3H_8	iC_4H_{10}	nC_4H_{10}	iC_5H_{12}	nC_5H_{12}	CO_2
1	嫩江组	729	734	5	灰色粉砂质泥岩	4.0↓2.0	58	1.19	0.007 7↑0.068 7	8.92	0.001 5↑0.005 5	0.000 4	0.002 3	0.000 0	0.000 0	0.000 0	0.000 0	0.000 0
2	嫩江组	738	745	7	灰色粉砂质泥岩	2.5↓1.9	58	1.19	0.019 0↑0.166 0	8.73	0.001 6↑0.072 4	0.000 6	0.004 4	0.000 8	0.000 0	0.000 0	0.000 0	0.000 0
3	嫩江组	768	772	4	灰色粉砂质泥岩	2.0↑2.9	58	1.19	0.016 7↑0.179 0	10.72	0.005 1↑0.119 6	0.000 2	0.000 0	0.001 8	0.000 0	0.000 0	0.000 0	0.000 0
4	姚家组	824	826	2	棕红色泥岩	2.4↑3.4	56	1.18	0.017 0↑0.120 8	7.1	0.002 3↑0.052 3	0.000 1	0.000 1	0.000 0	0.001 4	0.000 0	0.000 0	0.000 0
5	姚家组	842	844	2	灰色泥页岩	7.2↓2.4	56	1.18	0.011 0↑0.167 8	15.25	0.002 1↑0.099 9	0.000 0	0.000 0	0.001 6	0.001 3	0.000 0	0.000 0	0.000 0
6	姚家组	888	891	3	灰色泥页岩	1.2↑2.7	56	1.18	0.061 0↑0.323 5	5.3	0.016 5↑0.102 0	0.000 0	0.000 0	0.000 0	0.000 5	0.000 0	0.000 0	0.000 0
7	姚家组	897	902	5	灰黑色泥质粉砂岩	4.0↓1.0	60	1.2	0.149 2↑0.424 9	8.64	0.011 7↑0.215 6	0.000 1	0.000 0	0.000 4	0.001 1	0.000 0	0.000 0	0.000 0
8	青山口组	949	956	7	灰黑色泥质粉砂岩	0.8↑3.6	64	1.22	0.086 4↑0.860 7	9.96	0.023 5↑0.407 2	0.000 1	0.000 1	0.000 4	0.001 0	0.000 2	0.000 0	0.000 0

续表 6-3

序号	层位	井段(m) 顶深	井段(m) 底深	厚度(m)	岩性	钻时(min)	泥浆 黏度	泥浆 密度	全烃(%)	峰基比	CH_4	C_2H_6	C_3H_8	iC_4H_{10}	nC_4H_{10}	iC_5H_{12}	nC_5H_{12}	CO_2
9	青山口组	958	961	3	灰黑色泥质粉砂岩	1.9↓1.0	64	1.22	0.1691↑0.4585	2.71	0.0776↑0.1845	0.0000	0.0000	0.0000	0.0000	0.0000	0.0000	0.0000
10	青山口组	974	977	3	灰黑色泥质粉砂岩	2.8↓1.0	64	1.22	0.3537↑1.0276	2.91	0.2403↑0.5414	0.0000	0.0001	0.0000	0.0000	0.0000	0.0000	0.0000
11	青山口组	982	985	3	灰色泥质粉砂岩	3.5↓1.4	64	1.22	0.1158↑0.6846	5.91	0.0744↑0.3232	0.0001	0.0001	0.0000	0.0010	0.0002	0.0000	0.0000
12	泉头组	1021	1023	2	灰色粉砂岩	1.7↑4.9	64	1.22	0.2051↑0.6116	2.98	0.1090↑0.2496	0.0000	0.0001	0.0000	0.0010	0.0000	0.0000	0.0000
13	青山口组	1031	1033	2	灰色粉砂岩	2.2↑5.0	64	1.21	0.1894↑0.5964	3.15	0.0972↑0.1784	0.0000	0.0001	0.0000	0.0000	0.0000	0.0000	0.0000
14	青山口组	1040	1042	2	灰色泥质粉砂岩	2.4↑5.3	62	1.21	0.1823↑0.5338	2.93	0.0881↑0.1689	0.0000	0.0001	0.0007	0.0000	0.0002	0.0000	0.0000

续表6-3

序号	层位	井段(m) 顶深	井段(m) 底深	厚度(m)	岩性	钻时(min)	泥浆 黏度	泥浆 密度	全烃(%)	峰基比	组分含量(%) CH_4	C_2H_6	C_3H_8	iC_4H_{10}	nC_4H_{10}	iC_5H_{12}	nC_5H_{12}	CO_2
15	青山口组	1054	1060	6	灰色泥质粉砂岩	5.1↓1.3	60	1.21	0.1082↑0.4170	3.85	0.0411↑0.1776	0.0000	0.0001	0.0004	0.0011	0.0000	0.0000	0.0000
16	青山口组	1062	1066	4	棕红色泥质粉砂岩	5.4↓3.4	60	1.21	0.1490↑0.3637	2.44	0.0964↑0.1211	0.0000	0.0001	0.0000	0.0000	0.0000	0.0000	0.0000
17	青山口组	1070	1073	3	灰色泥质粉砂岩	6.9↓2.6	60	1.19	0.0565↑0.2958	5.24	0.0057↑0.1073	0.0000	0.0001	0.0000	0.0000	0.0000	0.0000	0.0000
18	青山口组	1075	1078	3	灰色泥质粉砂岩	9.9↓2.4	60	1.19	0.0541↑0.2051	3.79	0.0277↑0.0603	0.0000	0.0001	0.0000	0.0000	0.0000	0.0000	0.0000
19	泉头组	1430	1432	2	棕红色粉砂岩	21.5↓6.2	58	1.18	0.0147↑0.1007	6.85	0.0047↑0.0102	0.0000	0.0000	0.0000	0.0000	0.0000	0.0000	0.0000
20	泉头组	1480	1485	5	杂色砂砾岩	13.7↓6.0	58	1.19	0.0849↑0.2123	2.50	0.0080↑0.0192	0.0000	0.0000	0.0000	0.0000	0.0000	0.0000	0.0000

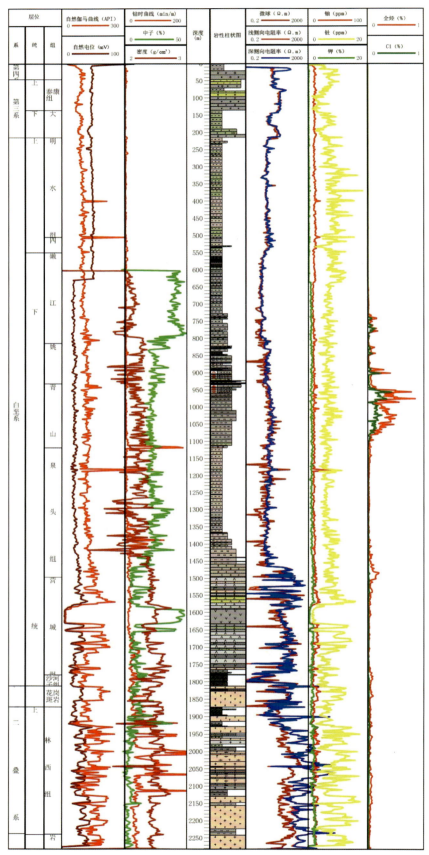

图 6-10 吉白地 2 井综合柱状图钻井深度 2 284.4m

7 结 论

(1) 揭示了松辽盆地西缘白城地区地球化学分布特征。

松辽盆地西缘白城地区为低背景、非均匀地球化学场。研究区内不同区块不同景观区的地球化学分布特征各具特征。其中，A区块为中背景、非均匀地球化学场；区块内的丘陵草原区、湖沼沉积区和冲洪积草原区景观区为中背景、非均匀地球化学场；风积黄土区为低背景、均匀地球化学场。B区块为中背景、非均匀地球化学场；湖沼沉积区和冲洪积草原区属中背景、均匀地球化学场，风积黄土区属低背景、均匀地球化学场。

(2) 建立了松辽盆地西缘白城地区区域地球化学场划分准则。

确定松辽盆地西缘白城地区甲烷大于 $60\mu L/kg$ 为高背景场，$20\sim 60\mu L/kg$ 之间为中背景场，低于 $20\mu L/kg$ 为低背景场；乙烯大于 $0.5\mu L/kg$ 为高背景场，$0.15\sim 0.5\mu L/kg$ 之间为中背景场，低于 $0.15\mu L/kg$ 为低背景场；丙烯大于 $0.8\mu L/kg$ 为高背景场，$0.2\sim 0.8\mu L/kg$ 之间为中背景场，低于 $0.2\mu L/kg$ 为低背景场；重烃大于 $10\mu L/kg$ 为高背景场，$2\sim 10\mu L/kg$ 之间为中背景场，低于 $2\mu L/kg$ 为低背景场；蚀变碳酸盐(即 ΔC)大于 2% 为高背景场，$1\%\sim 2\%$ 之间为中背景场，低于 1% 为低背景场。确定各化探指标变异系数大于 2.0 为高度非均匀场，$1.0\sim 2.0$ 之间为非均匀场，小于 1.0 为均匀场。

(3) 总结了各指标在同一地质构造单元内既有一定的联系又具有独立性。

A区块和B区块 C_1、C_{2+}、ΔC 地球化学背景场差异不大，但A区块 C_1、C_{2+} 地球背景场高于B区块，说明A区块 C_1、C_{2+} 烃类指标的含量值较高；A区块 ΔC 地球背景场低于B区块，可能是A区块油气藏中都存在 CO_2 向上渗漏与周边介质中的 Ca^{2+}、Fe^{2+}、Fe^{3+} 氧化作用低于B区块或者是B区块丰收镇断陷油气藏是过成熟油气藏，ΔC 后期渗逸作用更强；A区块和B区块的荧光、紫外类和微量元素指标地球背景场差异不大，说明指标的物质来源相同。各指标地球化学背景场之间的差异反映了各指标在同一地质构造单元内既有一定的联系又具有独立性。

(4) 确定了对研究区地表异常的干扰因素。

通过A、B区块不同景观区的样品粒度、采样深度和样品颜色的分析，再结合不同景观区内主要指标地球化学背景场存在的差异，且与地貌景观条件关系密切，认为影响研究区干扰地球化学信息真实性的主要因素为地貌景观条件。因此，需要对地貌景观区内数据进行回归校正，可有效地排除和抑制干扰因素的影响，提高油气信息的可信度和准确度。

(5) 确定了松辽盆地西缘白城地区有效地球化学指标及其组合。

为研究有效指标，对各指标进行了聚类分析、相关分析和因子分析，研究各指标的相互关系以及地球化学意义，筛选 C_1、C_{2+}、ΔC、U209(U220)、F360、Sr 和 Ni 作为代表性指标进行综合研究。根据各指标的地球化学意义及有效指标的研究认为：C_1、C_{2+}、ΔC 作为直接有效指标，U209(U220)、F360 作为间接有效指标，Sr、Ni 作为辅助有效指标。

(6) 总结了主要指标地球化学场特征以及与地质体的关系。

综合主要指标的地球化学场分布特征表明：主要指标受构造控制，展布与构造线走向一致，断裂及微裂隙为烃类的运移通道，且在断裂交会处甲烷、重烃、蚀变碳酸盐含量最高，并在地表构成了高含量地球化学场。

地球化学场的分布反映了断陷及地质体的总体展布特征；条带状高背景地球化学场与断裂关系密切，而这些条带状高背景场间接反映了断裂浅表的大致位置；依据地球化学场的分布范围及形态认为 A

区块平安镇断陷内的七棵树地段、青山镇断陷西南部和 B 区块丰收镇断陷内祝家窑地段、通榆断陷中东部是油气富集区域,是寻找油气的重点地区。

(7)总结了指标地球化学异常特征以及其与地质体的关系,分析了异常分布的制约因素,并总结了地表异常的形态模式。

地球化学异常形态呈块状、环状、双环状和条带状展布,与地质体和断裂展布特征关系密切,受沉积环境、构造特征和封盖与储层条件的制约。甲烷和重烃异常分布反映了地质体与断裂的总体展布特征;条带状异常展布与北西向和北东向断裂走向关系密切,在断裂交会处异常强度最高,是油气向地表渗逸最强地区。综合异常分布特征与解译推断认为:双环状、环状、块状异常内部和条带状异常交会部位是寻找油气的有利聚集区(带),值得进一步勘探的有利区域。

(8)圈定了综合异常 9 个,其中 Ⅰ 级综合异常 3 个、Ⅱ 级综合异常 2 个、Ⅲ 级综合异常 4 个,并结合酸解烃特征指标参数认为异常为深部油气藏在地表的反映;圈定了油气有利聚集带 4 处,为该区油气资源评价和下一步地震详查、钻井勘查提供了地球化学依据。

主要参考文献

陈明,李金春,1999.化探背景与异常识别的问题与对策[J].地质与勘探,(02):27-31.

陈浙春,程同锦,汤玉平,等,2005.油气化探在塔里木盆地油气勘探中的应用[J].天然气地球科学,(01):59-63.

大庆油田石油地质志编写组,1993.中国石油地质志·卷二·大庆油田[M].北京:石油工业出版社.

付晓飞,王朋岩,吕延防,等,2007.松辽盆地西部斜坡构造特征及对油气成藏的控制[J].地质科学,(02):209-222.

郝石生,林玉祥,王子文,1994.油气地球化学勘探方法与应用[M].北京:石油工业出版社.

贾国相,2000.国内外油气化探基本情况[J].矿产与地质,(S1):420-425.

蒋涛,2003.地球化学烃场效应的探讨及应用[J].石油实验地质,(03):290-294.

厉玉乐,2005.泰康—西超地区沉积相研究及隐蔽油气藏形成条件分析[D].北京:中国地质大学(北京).

刘崇禧,赵克斌,余刘应,等,2001.中国油气化探40年[M].北京:地质出版社.

阮天健,费琪,1992.石油天然气地球化学勘探[M].武汉:中国地质大学出版社.

舒良树,慕玉福,王伯长,2003.松辽盆地含油气地层及其构造特征[J].地层学杂志,27(004):340-347.

汤玉平,2005.油气地球化学场及判别模型研究[D].成都:成都理工大学.

汤玉平,丁相玉,吴向华,等,2001.中国主要含油气盆地区域地球化学场参数特征及其成因研究[J].石油勘探与开发,28(3):1-4.

汤玉平,李沙园,陈英伟,等,2000.中国主要含油气盆地油气化探数据库及应用[J].物探化探计算,(04):295-301.

汤玉平,刘运黎,等,2002.烃类垂向微运移的地球化学效应及其机理讨论[J].石油实验地质,024(005):431-436.

汤玉平,魏巍,李尚刚,等,2002.油气化探异常评价参数研究[J].物探与化探,(02):51-54+59.

王友勤,苏养正,刘尔义,等,1997.东北区区域地层[M].武汉:中国地质大学出版社.

吴传璧,2009.中国油气化探50年[J].地质通报,28(11):1572-1604.

夏响华,2000.油气的微渗漏理论与检测技术研究[D].成都:成都理工大学.

许德树,2006.航磁综合解释在中石化东北新区油气勘探中的应用[D].北京:中国地质大学(北京).

杨万里,1985.松辽陆相盆地石油地质[M].北京:石油工业出版社.

张维琴,杨玉峰,2005.松辽盆地西部斜坡油气来源与运移研究[J].大庆石油地质与开发,24(001):17-19.

赵克斌,1993.油气化探综合异常评价方法及效果[J].物探与化探,17(002):89-97.

周蒂,1986.分区背景校正法及其对化探异常圈定的意义[J].物探与化探,10(004):263-273.